[英国] 罗宾·阿特菲尔德 著　毛兴贵 译

环境伦理学

牛津通识读本·

Environmental Ethics

A Very Short Introduction

译林出版社

图书在版编目（CIP）数据

环境伦理学 /（英）罗宾·阿特菲尔德（Robin Attfield）著；毛兴贵译．
—南京：译林出版社，2022.5
（牛津通识读本）
书名原文：Environmental Ethics: A Very Short Introduction
ISBN 978-7-5447-9093-2

Ⅰ.①环… Ⅱ.①罗… ②毛… Ⅲ.①环境科学 - 伦理学 Ⅳ.①B82-058

中国版本图书馆 CIP 数据核字（2022）第 038768 号

著作权合同登记号 图字：10-2020-86 号

环境伦理学 ［英国］罗宾·阿特菲尔德 ／著 毛兴贵／译

责任编辑 陈 锐
装帧设计 景秋萍
校 对 王 敏
责任印制 董 虎

原文出版 Oxford University Press, 2018
出版发行 译林出版社
地 址 南京市湖南路 1 号 A 楼
邮 箱 yilin@yilin.com
网 址 www.yilin.com
市场热线 025-86633278
排 版 南京展望文化发展有限公司
印 刷 江苏凤凰通达印刷有限公司
开 本 890 毫米 ×1260 毫米 1/32
印 张 8.75
插 页 4
版 次 2022 年 5 月第 1 版
印 次 2022 年 5 月第 1 次印刷
书 号 ISBN 978-7-5447-9093-2
定 价 39.00 元

序　言

何怀宏

收在“牛津通识读本”中的这本罗宾·阿特菲尔德所著的《环境伦理学》，自然不像利奥波德的《沙乡年鉴》、卡森的《寂静的春天》，或者罗尔斯顿的《环境伦理学》那样具有原创思想或震撼社会的意义，它的篇幅也不可能太大。但作者还是简明扼要、相当客观忠实地追溯了环境问题和环境伦理学的起源与发展、关键的概念和相关的道德理论。作者不仅作一般的介绍，而且有自己的细致分析和推理，其态度又是相当包容和开放的。作者还注意到与环境思想理论结合的社会和政治运动、保护环境的实践努力，并特别讨论了未来世代的道德地位问题、气候变化的迫切问题，以及环境伦理学与宗教的关系。

大约二十年前，我曾经主编过一本《生态伦理》。我指出过生态或环境伦理学的两个鲜明特征，一个是它的实践性，一个是它的信念性。关心它，人们一定不会简单地只是想获得一些知识，而是还可能会感受到某种信仰或信念，乃至致力于某种实践行动的。我也谈到了在这一新兴的领域中，哲学理论、精神信仰和行为规范之间的联系与划分。我希望在信念和理论上有同有异的人们，能够尽可能地追求一些指向行动和实践的基本共识。后来，我在《新纲常》中又曾提出过“生为物纲”。但总的来说，我并没有这方面的持续研究。所以，这本书对我来说也是一种重新学习。

多少万年以来，人们一个个、一代代以其短暂的生命历程，面对在时空上看来都广阔无垠的自然，可能常常会觉得自然过去是这样，以后还会是这样。自然是现成的，环境是不变的，似乎可以由我们无穷地获益和取用。但作者明确地指出：“我们再也不能把自然界看作理所当然的了，即便我们曾经可以这样。”自然正在消失，而且可能是飞快地消失，而这些变化的原因却正是我们人类自己。

古人，哪怕是最聪慧的古人，如柏拉图、亚里士多德，都不曾为外在的自然过于担忧，因为古代人类的活动对自然界的影响并不太大。而现在的人们开天辟地，获得了震古烁今的强大控物能力，实际上正在重塑环境，重塑自然。但这种“重塑”有可能不仅在手段上是不自然的，它还指向一种可能把我们的自然——至少是地球上的自然界——变得面目全非的后果。

我后来被一些另外的问题所吸引——或者不如说所逼迫，这些问题初看起来似乎没有对环境构成直接的威胁，比如人工智能和基因工程，但它们却可能从内底里改变人类，改变动物，改变环境和自然。所以，这些探讨或也可以属于广义的“环境伦理学”的范围。而且，由此也让人忧虑人类及其文明、地球及其经过四十五亿年才形成的这个堪称美好的“自然界”的命运。

放眼世界，由强大物质欲望推动的现代人类的卓越控物能力，还在继续日新月异地发展。当高科技带来的危险为大多数人都明确意识到的时候，阻止它们却有可能已经为时过晚。我们正在一条单向路上狂奔，而这条路可能是一条不归路，前面或许还没有分叉。如果这种发展到了失控的地步，就不仅是自然环境和其他生物遭到威胁了，人类自身也会直接遭到威胁。而人类自己制造的灾难又会“殃及池鱼”，把整个地球拖入灾难。

毋庸多言，有作者精到的知识性和思想性的介绍，有译者纯熟流畅的翻译，这是一本值得读的书。而我希望这本书不仅给读者带来知识上的收益，还带来思想上的警醒。

目 录

致　谢

感谢卡迪夫大学可持续发展研究所，它为本书的撰写提供了便利。感谢莅临该研究所做讲座的希拉里·格雷厄姆，她为我提供了与其研究团队的工作有关的书目。同样，我要感谢乔纳森·赫尔凡德，他帮我找到一本书当中他完成的那一章。感谢牛津大学的员工，尤其是珍妮·纽吉，在准备这本书的过程中，她在很多方面提供了热心的帮助。还要感谢卡迪夫大学可持续发展研究所的马修·奎因，他就本书某些章节的初稿提出了评论。也感谢卡迪夫大学的技术人员为我解决了电脑方面的故障。

还要特别感谢牛津大学出版社的两位匿名读者。我每完成一章的初稿就交给其中的一位评论；另一位则对整部手稿进行了评论，并对几处做了大段的改写，其中某些建议我做了调整并采纳了。我也很感谢为本书写荐语的学者。

另外要感谢的是此书写作期间和我一起合作写论文的瑞贝卡·汉弗莱斯、梅丽莎·比蒂和凯特·阿特菲尔德。像往常一样，我最亏欠的是我的妻子丽娜·达特·阿特菲尔德，要是没有她，整个计划将难以设想。

第一章

起　源

环境问题

自然正在迅速消失，或者我们被引导去相信这一点。在海洋里遨游的鲸更少了，在孟加拉孙德尔本斯国家公园里徜徉的老虎也更少了。许多珊瑚礁正在褪色，它们多彩的群落岌岌可危。苏门答腊和婆罗洲的褐猿栖息地也受到了威胁。反常的飓风肆虐加勒比海并摧毁其树木。从更近处说，花园里的鸟和蝴蝶数量正在减少。在英国，据说风铃草和华兹华斯的野生水仙花都濒临灭绝。我们可能会想，究竟是怎么回事？

自然界早已不再是人类生活的可靠背景，可以不受人类活动影响。若干世纪以来，通过狩猎与耕作，通过建筑、采矿和工程，也通过旅行和贸易，我们一直在改变它。我们可能仍然认为，自然界是我们永不停息的、持久的环境，就像我们头顶上的星辰一样亘古不变。但是，我们的孙辈所继承下来的环境将会与我们的祖先所处的环境大相径庭，甚至与我们自己出生时所处的环境也大为不同。我们再也不能把自然界看作理所当然的了，即便我们曾经可以这样。

鉴于人类对自然界的影响，很多人将现在的时代称为“人
1 类世”，他们造出这个术语来模仿始新世和更新世这样的地质年代。他们的意思是，人类的影响已经遍及整个地表。

他们并没有就这个时代何时开始达成共识。它开始于船的发明？工业革命？还是20世纪的两次世界大战？再者，这是否意味着保护自然界已经太晚了？我们是否可以随心所欲自由地重塑地球的面貌（对于这种观点的一个版本，见第六章关于社会生态学那一节）？或者，我们是否应该利用我们的知识与技术把世界恢复到前人类的状态？对于这些问题，他们也没有达成共识。但是他们一致认为，人类已经成为影响我们星球表面的主要因素（见图1）。

森林滥伐和土壤侵蚀都是人类改变自然界的方式。与城市建设这样的正面发展相伴随的是一些负面效应，包括物种灭绝、沙漠扩大、资源枯竭、环境污染，以及我们最近几十年已经发现的气候变化。这些事情过去常常不被看作环境问题，因为自然貌似取之不尽，用之不竭。只有当我们认识到这些事情会造成不可避免的损害，并想办法来解决或至少是缓解它们时，问题才被看作问题，就像约翰·帕斯莫尔在《人对自然的责任》一书中所评论的那样。

柏拉图是最早意识到土壤侵蚀和森林滥伐的哲学家之一（在他的对话《克里底亚篇》中），但他并不为这些事情所困扰。他的门徒亚里士多德也是这样。亚里士多德在其《天象论》中把自然描绘成永恒的，而且从根本上说不会发生变化。直到19

图1 从遥远的太空看我们的星球（美国宇航局提供）。我们只有这一个地球 2

世纪，才有人——比如乔治·珀金斯·马什，见其《人与自然》（1864）——认为自然非常容易受到人类活动的影响，同时人类生活也很容易受到自然及其变化的影响。

20世纪兴起了生态科学，以及相关的认为自然是由诸多相互作用的自然系统构成的研究，不过，保护诸如河流与森林这类系统的理由，一直要等到奥尔多·利奥波德的《沙乡年鉴》（1949）才提出来。利奥波德提倡把伦理学加以扩展以便涵盖生态系统，但是哲学家和伦理学家（利奥波德二者都不是）仍然

无动于衷。可能起到了改变氛围作用的是蕾切尔·卡森的著作《寂静的春天》（1962）。这本书揭示出，可以在南极企鹅的肉里
3 面找到在欧洲使用的DDT这样的杀虫剂。

另外一个起到改变氛围作用的因素就是，美国军队在越战期间（1961—1975）使用落叶剂这一惊人之举，以及美军的一系列企图，包括企图暗中发动生化战争，企图占领甚至根除中南半岛中部的自然界。由于开始意识到人类对环境的影响具有预想不到的副作用，以及人类的行为会危及整个物种和生态系统，伦理学家们才更加勇敢地关注起环境问题。

环境伦理学的出现

哲学伦理学有好几十年的时间都不愿意反思实践问题（至少在英美世界是这样），反而集中关注概念的意义和分析。但是从1960年代开始，医学领域的新问题（比如知情同意的要求和人体实验）为医学伦理学这一古老的分支学科带来了新的生机，而核武器的扩散则重新引起了对战争伦理学的反思。

这就为1970年代环境哲学与环境伦理学的出现铺平了道路，也为将哲学运用于环境概念与问题的相关尝试铺平了道路。直到20世纪初，哲学始终被认为可以运用于实践问题（想想柏拉图、亚里士多德、斯宾诺莎、洛克和康德的政治哲学）。应用哲学的各种分支现在正在着手拯救这一悠久的传统，让它重新焕发生机与活力。

1973年在保加利亚召开了一次世界哲学大会。澳大利亚哲学家理查德·劳特立（后改名为理查德·西尔万）在会上发表了一篇演讲，题为《需要一种新的伦理学即环境伦理学吗？》。

他对这个问题的回答是断然肯定的。在他看来，传统的西方观点认为，唯有人类的利益才重要，我们人类可以随心所欲地对待自然。他基于一些思想实验来拒斥这个观点。比如，如果“最后 4
一人”作为一场核灾难的幸存者向自己周围乱打一气，尽其所能地消灭剩下来的一切生命，无论是动物还是植物，那么在传统观点看来，他的所作所为是可以被允许的，但是根据大多数人的直觉判断，他的行为是应该被谴责为错的。劳特立主张，这样的思想实验（他提出了好几个思想实验）揭示出，有一种与传统观点不一致的新兴的环境伦理学，这种伦理学更好地回应了人类对自然界的侵犯。因此，我们应该拒斥只考虑人类利益的立场（这种立场很快就被叫作“人类中心主义”），而采纳其他生物同样很重要这一立场。

对劳特立思想实验的一个普遍反应就是，它们涉及如此极端和特殊的情况，以至于人们对它们的直觉判断不再可靠，更不能说它们表明了我们所需要的原则。批评者认为，在判断“最后一人”的行为时，我们不经意间把适合于更正常情况的一些假定偷偷地置入了劳特立所设想的情境中。我们假定（他们说）其他人或未来人在某种程度上会受其行为之害，即便劳特立所设想的情境在设计时专门排除了所有这样的假定。

然而，劳特立可能回应说，他有必要提供这样一种情境，以便我们可以对一种情况作出一些判断，在那种情况下，完全没有剩下任何人类利益（我们可以想象，“最后一人”也很快就会死去），唯一相关的利益就是动物和植物这些非人类的利益。此外，他还可以坚持认为，即便在显然没有人类利益还受到威胁的情况下，大多数人仍然认为摧毁其他生命是错的。

因此，劳特立用来反对人类中心主义和支持一种新环境伦理的论证被广泛认为很有说服力。至少，它似乎表明，动物这样的非人类也应该在人类的决策中得到考虑。如果把他的思想实验加以调整，从而使得动物的利益也不再存在（比如，假设附近所有的动物也被这一场核灾难杀死了），那么人们也会普遍认为，“最后一人”尽其所能地摧毁幸存植物也是错误的行为。这就表明，从一种伦理的视角来看，植物的利益也应该被认为是与人类和非人类动物的利益一样重要的。

但是，劳特立对西方传统的描述正确吗？他是在回应约翰·帕斯莫尔对西方传统的描述。帕斯莫尔的书《人对自然的责任》于第二年（1974）出版。他主张，多数人的观点是以人类为中心，而且并没有为对待自然设定任何伦理限制。

然而，他也看到了两个少数人的传统。根据其中一个传统，人类是自然界的管家或受托人，负责照顾自然界（因此他的书名叫《人对自然的责任》）。这个传统有一个宗教版本，根据这个版本，他们的托管行为要向上帝负责。根据第二个传统，人类的作用是通过与自然界合作，挖掘其潜能，以便提升或完善自然界。这两个“少数人”的传统都被认为具有古老的根源，在西方文化中具有悠久的历史。因而，帕斯莫尔建议，要提出一种环境伦理，没有必要完全拒斥这些传统（这些传统比通常所认为的更加丰富），相反，完全可以采取这些不同的传统立场。

劳特立坚持认为，帕斯莫尔所谓的“少数人”的观点从根本上说本身也是以人类为中心的，而且，由于这些观点被认为没有把非人类的利益考虑进去，所以需要加以拒绝和取代。不过，这些说法也是可以质疑的，因为有证据表明，帕斯莫尔提到的这两

种“少数人”的传统在基督教早期的几个世纪里都为人广泛持有和提倡，因而很难说是少数人的传统。同样，也可以某些方式 6
来诠释它们（而且很久以来已经有人这样诠释），这些方式承认人类的利益和非人类的利益在伦理上都很重要。（克拉伦斯·格拉肯已经收集了很多这类证据，见第七章。）

因此，对于所需要的这种伦理来说，劳特立的贡献很重要，但是他对西方传统及其资源的狭隘看法我们不能完全相信。比如说，很多圣徒在关心和友善对待野生动物与家养动物方面都很著名；因此，对西方传统有一个更广泛的视野更为可取。

奈斯与深生态学

就在劳特立于世界哲学大会发表演讲的同一年，哲学刊物《探究》发表了另一篇由挪威哲学家阿恩·奈斯所作的开创性论文《浅生态运动与深且远生态运动：一个纲要》。奈斯比较了两种生态运动。

浅生态运动关注的是未来五十年左右的人类利益，尤其是发达国家人民的利益。相反，深生态运动还关注发展中国家人民的利益，关注长远的未来，关注非人类物种，主张它们也有“平等的权利生存和繁荣”。奈斯承认，如果人的生命要想继续下去，实际上就需要在一定程度上捕杀动物并收割植物，但他在原则上仍然坚持他所谓的“生物界平等主义”，或者说所有物种都有平等的权利按它们自己的方式生活。

奈斯倡导深生态运动，他的这种立场包含了对一系列立场的支持（因为他所谓的“运动”，有一部分意思就是这种广泛的“包容性”），包括支持生物多样性。所谓“生物多样性”，他

7 意指尽可能促进或维护所有的物种、亚物种和动植物的生活环境。他认为，培养这种多样性也是在提高生活质量，也许他的意思是，这样既可以促进非人类的生命，同时也可以丰富人类的生活。

与此同时，他也称赞文化多样性，反对人与人之间的压迫，比如通过经济优势或阶级力量进行剥削。污染与资源枯竭受到质疑，无论是影响到发达国家的地方性污染与资源枯竭，还是那种影响更广泛的全球性污染与资源枯竭。最重要的价值是自我实现，或每一种有机体潜能的实现。

尽管其他人集中关注的价值可能与上述价值不同，但奈斯的进路提供了很多东西，尤其是他强调自我实现，并在范围上把全球都包括进来。不过，他的“深生态学”纲领也包含了一些有争议的主张，包括他对个人身份的解释。

对奈斯而言，我的真实自我并不局限于我的肉身，而是扩展到了整个自然（因为一切事物都是相互联系的）。我（可能）有义务捍卫的正是这个扩展了的或更大的自我。但是，这种做法把身份解释得太宽泛了。此外，很多人即便并不这样认同自然，也发现自然很值得捍卫。因为还有很多其他动机，比如尊重、赞赏，或者希望我们的后人可以像我们一样自由地欣赏同样的风景。

更令人担忧的是，“深生态学”纲领提倡大量减少人口。要想为其他物种的持续繁盛留下空间，这一条原则被认为是必要的。但是，它也致使奈斯的一些追随者（尽管不是奈斯本人）欢迎诸如饥荒这样的灾难以及随之而来的人口减少——可以预料它们会导致人口减少。有的人往往拒绝任何具有这种意味的纲
8 领。也许我们应该谨慎并有选择地响应“深生态学”纲领。

罗尔斯顿的贡献

另外一个对环境伦理学显著的基础性贡献，要归功于霍尔姆斯·罗尔斯顿三世早期的论文《存在一种生态伦理吗？》（1975）。罗尔斯顿是一位美国哲学家，现在被广泛看作环境哲学之父。他关注于解释我们为什么应该（比如说）对资源进行回收利用，以及如何从事实和科学规律中得出一些紧紧围绕“应该”的结论，尤其是生态学方面的结论。

如何证成以“应该”为中心的陈述，这是一个由来已久的问题，在18世纪，哲学家休谟就让人们注意到这个问题了。但是，罗尔斯顿能够对他所选择的资源回收利用的例子提出不止一种回答。第一种可能的回答是，人类的生命（最终）依赖于资源的回收利用（通过维护能够维持人类生命的生态系统），而人类的生命本身是有价值的。这种进路把资源回收利用当作一个促进人类利益的问题，而且（罗尔斯顿会说）体现的是人类的价值而非生态的价值。然而，罗尔斯顿所偏爱的回答是，我们之所以应该回收利用资源，是因为这促成了生态系统的完整性，而生态系统的完整性本身就具有价值，或者说具有内在价值。

生态系统完整性的概念，不是一两句话能说清楚的。我只需要指出一点就够了：它包括了健康且运转良好的生态系统，这些生态系统包含了并支持着相互作用的生命有机体及其生命循环。在此，罗尔斯顿的想法让人想起了利奥波德较早前的立场，即倡导维护生物圈的完整、稳定和美丽。

但是，罗尔斯顿也让我们注意到，环境伦理学在理解价值的时候不应该仅仅停留在只具有工具价值的东西上（比如金钱和

9 资源），还应该进一步找到因其自身之故而有价值的东西。关于因其自身之故而有价值的东西，一个较有争议的例子就是健康。

几乎每一个人都会理所当然地认为，这种或那种东西因其自身之故而有价值。很少有人真的相信，根本没有任何东西具有这个特征。罗尔斯顿的独特观点就在于，一种生态伦理可能会因为下述发现而从各种伦理学进路中脱颖而出：具有根本价值的东西不只是存在于人类的满足中，而且也存在于非人类的生命或福祉中，或者存在于生态系统（这些生命是生态系统的一部分）当中。

劳特立、奈斯和罗尔斯顿的贡献有一个共同特征，即他们都拒斥一种只考虑人类利益或者“人类中心主义”的伦理学进路。在这一点上，很多人可能都愿意赞成他们，至少暂时性地赞成。

不过，问题马上就出现了：如果你支持的是某种人类中心主义进路，你是否还能够研究环境伦理学？或者，在你研究环境伦理学之前，你是否有资格研究？不过，研究的对象不应该由意识形态上的立场来规定，而且，无论如何，诸如资源回收利用这样的环境友好型活动，其理由之一就在于有利于人类。

因此，尽管我们很多人可能希望支持这种或那种比人类中心主义更丰满、更宽泛的价值理论，但明智的做法是，不要把人类中心主义思想家排除在环境伦理学家共同体之外，当然也不要用定义把他们加以排除。这样的思想家通常自称为“实用主义者”，而且其中有的人比如布赖恩·诺顿实际上已经为这个领域做出了重要贡献。

正在浮现的主题和问题

这些早期的思想家提出了这样一个问题：在伦理学上，哪

些存在者才是重要的？换种说法，这就是道德地位的范围问题。 10

肯尼斯·古德帕斯特已经为这个问题提供了一个有说服力的回答：任何有自身利益且能够受益的存在者。因为授予利益是道德的核心。换句话说，所有的生命有机体都有道德地位。这种立场被称为“以生物为中心”，它显然与某些传统观点的“以人类为中心”的进路相对。另外一种回答我马上就会提到。

还有一个问题涉及未来的利益是否重要以及有多重要。（奈斯的论文尤其提出了这个问题。）亚里士多德认为，如果把这些利益都包括进去的话，伦理学就太复杂了。但是，现代技术的影响往往是可以预见的，利用这种技术却无视其影响，这是不负责任的表现。因此，当前活动在未来的影响如果可以预见就应该加以考虑。在这方面，汉斯·约纳斯主张（见《责任原理》一书），人类行为对未来世代以及非人类物种的影响在范围上最近有所扩大，这要求我们重新认识伦理学本身。

然而，大多数经济学家相信，需要对未来的好事与坏事进行折现，而不要把它们看得和现在一样重要。他们也有一些很好的理由，因为（比如说）有些未来的影响并不确定。但是，哲学家们往往回应说，折现可以，但只能局限于这些理由可以适用的情况，不能在任何情况下都进行折现。未来的伤害和污染就像现在的一样坏，如果可以预见，也应该同样地得到认真对待。

还有一个问题由罗尔斯顿提出并产生了深远影响（已经在本章前面一节有所涉及），这个问题涉及的是，什么东西不是作为一种手段而具有价值（或者说作为工具价值），而是本身就具有价值（或者说具有内在价值）。正是这些东西赋予了道德的“应然”以意义。一种可能的回答就是人类的繁盛。但是，如果 11

我们承认其他生物也有道德地位，那么它们的繁盛也必须被认为具有内在价值。

有的哲学家对内在价值概念本身持保留意见。但是，如果某种东西具有工具价值，那么一定有某种东西具有内在价值（这种价值不是派生自其他某种东西）。因为，如果没有任何东西具有内在价值，那么也就根本没有任何东西会有价值。尽管人类的幸福或繁盛通常被一致认为就是这样一种具有内在价值的东西，但对本章所讨论的主题的反思（比如对劳特立“最后一人”思想实验的反思）表明，我们很多人都认为，其他生物的繁盛也是这样一种具有内在价值的东西。

最后一个问题关系到保护物种和生态系统的理由问题。有的环境伦理学家认为，必须把这些东西看作本身就具有内在价值，这种立场被叫作“生态中心主义”。我们似乎确实认为，保护一个物种的最后一些成员要比保护不受威胁的物种的成员更重要；如果生态中心主义是正确的，那就可以预见到这种倾向。但这可能反而是由于未来物种成员具有道德地位与内在价值，它们的存在取决于当前物种成员的存续。因此，生物中心主义也可以回答这个问题。类似的推理也适用于生态系统。

人类中心主义也可以回答这个问题，但这种回答只能用来为有利于人类的生态系统和物种的保护辩护。然而，我们可以说，很多物种的保护都得不到辩护。这是否意味着没有理由保护它们？对这个问题的回答可以让作为读者的你发现自己在环
12 境保护问题上究竟持何种立场。

第二章

关键概念

自　然

在这一章，我的关注焦点是一些关键概念，人们广泛认为这些概念对于思考环境伦理学以及其他伦理学领域至关重要。我首先讨论自然的概念，然后讨论人们试图以哪些方式将自然与人的行为相关联，最后讨论对我们周遭的自然和我们内在本性的态度。

人类到底是与自然相分离的，还是作为自然的一部分？如果我们只不过是自然的一部分，我们就可以推断说（有的人就是这样推断），我们做的任何事情都是自然的，（他们有时候还补充说）因而也是无可指摘的。但这会使得伦理学（以及环境伦理学）成为多余，因为我们做的任何事情都既是自然的，也是正确的。

然而，如果人类不同于自然，这似乎就意味着我们不可能是从自然的生物进化而来，它们也不是我们的近亲（与达尔文主

义相反）。这似乎意味着，自然是一个需要战胜的敌人。更有甚
者，这似乎还意味着，我们并没有一个本性，因而可以被塑造去
过任何一种权威当局所喜欢的生活，而不会对我们造成任何伤
13 害（极权主义者有时候就这样主张）。

为了避免这些令人不快的、显而易见的推论，我们需要澄清自然的概念。这样，如果“自然”或“自然的”意指任何不是超自然的东西，那么人类显然就是自然的。但是，这并不意味着他们的行为可以免受道德评价，或无可指摘。如果人的行为从所有方面来看都在生物学上被决定了，那就无可指摘，但是这又会给“自然的”一词引入一种非常不同且非常值得置疑的意思，而且这种意思并不包含在“非超自然的”这个意思之内，且需要加以论证，而不能只是假定。

“自然的”还有另外一种意思（与前面一种意思类似，由约翰·密尔强调），就是将“自然的”与“人为的”相对照；自然的东西没怎么受到人的选择或文化所影响。在这种意义上，热带雨林和旋涡星云可能是自然的，而城市和高速公路则不是，艺术、烹饪或体育运动也不是。大多数人类生活都不是自然的（在这种意义上），因为大多数人都是由人养育的。

但是，由此并不能推论说，人类不是从其他有机体进化而来，或者人类不依赖于其他有机体。也不能推论说，我们没有继承而来的本性，或者威权主义者试图用一个模子来塑造我们的生活的做法并不能对我们造成伤害。更不能由此推论说，自然是人类应该去征服或制服的某种东西；由于我们自己依赖于自然（或非人为）的有机体与力量，如果以征服或制服自然为目标，我们就是在自杀性地毁灭我们自己的生活和我们子女的生

活所依赖的系统。

然而，我们有没有一种“本性”的问题又把我们带向了另一种意义的“自然”，这种意义与非超自然的或非人为的都没有关系。在这种意义上，我们的本性就是我们的性格气质，或者就是使得我们成其为我们的那种东西，所谓本性也就在于它所包含的品格特征。我们的福祉取决于不屈从非本性因素，比如过度的精神压力，此处“非本性的”与这种意义上的“自然的”相对。因为这种意义上的“自然”与其他意义不同，因此没有人可以主 14
张，由于人的生活很少是自然的（在非人为的意义上），因而人类缺乏本性，或者可以遭受任何对待。

这样，我们要尽可能弄清楚我们在使用的是哪一种意义上的“自然”或“自然的”。上述第二段和第三段之所以得出了离奇的结论，只是由于中途切换了“自然”一词的意思。与其他每个人一样，环境伦理学家（还有本书的读者）需要避免混淆不同的意思，这样才能避免（可以说是）“残忍且不自然的”结论，尤其是关于自然的结论。

有时候有人提出，有价值并被我们当作目标的东西，无非就是非人为意义上的自然的东西。这个说法有一个优点，即在非人类的自然中找到了价值，因而避免了人类中心主义。但与此同时，它也未能区分生物和无生命实体。因为说后者（石头之类）基于同样的理由而与植物、动物一样具有价值，这是不合理的。这种说法似乎也否认了人类艺术、手艺和创造性所具有的价值，因为所有这些东西都取决于人类的文化与技艺。因此，我们在理解价值的时候需要具有更好的辨别能力。本章稍后会回到这一点上来。

但是应该补充一点：当人们谈论“自然”（以及对它的威胁）时，他们通常意指“野生动物”。这时他们心里想的是诸如英国的斑鸠和长脚秧鸡这样的濒危物种的状况（见图2）。对此，他们可能还会提出一些具体的解释，比如化学农药的使用。如果是这样，那么改进农业种植方法就可以解决这个问题。但物种灭绝或减少等诸多问题都可以归因于全球变暖（这个问题我会在第八章讨论）。只要在何种意义上使用“自然”一词是清楚的，就可以开始理解并处理相关的问题了。

然而，有时候有人建议我们应该遵循自然，或者过一种符合自然的生活。在这一点上，他们通常建议我们，要在一定程度上模仿自然的过程，并在一定程度上遵循我们的本能和遗传倾向，而且要尽可能少地利用人类技艺。

图2　红眼树蛙：一种来自哥斯达黎加的濒危树蛙；国际自然保护联盟红色名录中受威胁的物种。想象一个没有它们的世界

约翰·斯图亚特·密尔严厉地批评了这种建议。自然的运转通常是冷酷无情的，尤其是对生病的和脆弱的生物；放弃这种生活方式是人类文明的一项伟大成就。

还可以补充一点：很多环保主义者都欢迎一些可取的社会政策，比如生态教育和生态保护，而这些政策依赖于有意识的人类选择，从而依赖于**不**对自然放任自流。当我们谈到艺术时，我们通常有理由模仿自然；当我们谈到虫害防治时，通常也有理由借用或模仿自然过程，而不是使用会破坏生态环境的化学药物。但是，在寻求普遍性伦理指导方面，遵循自然几乎不是最好的做法。 16

在建议人类“遵循自然”的伦理学体系中，古代斯多葛主义曾经很有影响力。但是，由于自然作为一个整体远比我们大，也远比我们强，所以斯多葛学派得出结论说，“遵循自然”的意思实际上就是，不要再企图控制我们生活中的事件，而要集中于控制我们对这些事件的感受。因为我们生活中的事件（不同于我们的感受）据说是由自然所决定，超出了我们的控制范围。既然如此，由此得出的道德法则（即自我控制）就被认为既是自然的，也是合理的，具有普遍的适用性，而无论一个人处于什么样的特定关系中，也无论他忠诚于谁。

这种斯多葛式的普遍主义在很多方面都是一种值得赞赏的道德观。但是，斯多葛学派一方面试图把自然当作人类行为原则的指南，另一方面又对人类自由持一种很狭窄的理解，这就使得他们不能启发我们去设计更好的社会安排（更不要说确立环境保护这样的目标了），相反，他们往往提倡顺从现状。实际上，这种失败揭示出，试图从自然（或者人的本性）推出人类行为的实践性伦理原则，这种做法具有严重的局限性。不过，卡门·维拉约斯·卡斯特洛和艾伦·霍兰德最近都提出了更加积极的尝试，试图将斯多葛主义和环保主义相融合。

当然，我们的本性首先就是那种能促进推理的东西。然而，与其从自然出发推理到道德，不如从道德地位（本章稍后将对此进行讨论）的拥有者及其福祉和需要出发。但是，我们首先需要反思环境问题，而为此又需要反思环境概念本身。

环　境

环境问题是源自人与自然界相互作用的问题。它们包括污
17 染、资源（包括淡水和鱼类资源）枯竭、土地退化、生物多样性丧失（栽培的品种、野生物种和栖息地）以及全球变暖。对这些问题的不同理解，取决于我们认为什么东西有价值。但是，人们对“环境”一词意思的理解也存在着分歧。

最明显的是，环境就是指一个人或一个社区周围的一切（无论是自然的还是非自然的东西）。但是，很多环境问题超出了这种意义上的环境，因此这不可能是“环境”一词唯一的意思。另外，并不是所有这样的环境都值得保护，而且有的环境并没有导致环境问题，反而是环境问题本身的产物（想想1930年代美国大草原的尘暴区）。环境问题显然还有一些进一步的关注点。

与此相对，有的思想家和学者认为，一个人的环境就是指这个人出生地周围的东西，他所熟悉的僻静角落、空地、家周围的小路，在我们从事任何伦理反思之前，我们就已经对这些东西有一种“前伦理的”承诺。但并不是每个人都有这种意义上的环境，因为很多人在他们所生活的地方（或任何地方）缺乏一种家园感。而且，环境问题往往源自我们所居住的环境，而不是我们

出生地的环境。实际上，对环境的关注大多关系到普遍的问题，抑或甚至全球的问题，因而超出了一个人视作其家园或家乡的区域范围。

“环境”的概念也适用于客观的系统或自然系统，比如山川河流、岛屿、海洋、大陆，以及形成并再造这些东西的自然循环与过程。这种意义上的环境包括了地方性的环境，但也超出了“家园附近”意义上的环境。事实上，地方性的环境以及被感知的环境，要不是因为造就它们的自然循环与过程，是不可能存在的。本书便是在这种意义上使用“环境”一词，除非有特别的说明。 18

这种意义上的环境绝非总是宜人的。在很多地方，因为人类的开发利用或忽视，有的地方已经变成沙漠，有些海也已经近乎消失（想想中亚咸海附近那些肥沃的土地以及咸海本身）。然而，环境依然使得我们生活中大多数有价值之物得以可能，而且我们子孙后代的生活几乎确定无疑地要依赖于环境。尽管保护环境还有别的理由，但我们之所以应该关心我们共同的环境以及我们这个星球的自然环境，这些都属于主要的理由。

如果环境总是指地方性的环境，那么全球性而非地方性的**环境**问题就很难理解。事实上，除了地方性的环境问题，比如地方性的河流洪水泛滥，也存在着全球性的环境问题。有的环境问题之所以是全球性的，是因为它们在全球反复出现，比如交通拥堵。而有的环境问题则是系统性的，源于人类对全球系统的影响，比如酸雨、臭氧减少和全球变暖。

正如尼格尔·道尔所说，只有把环境理解为一种客观的自然系统，我们才能首先理解这样的环境问题。有了这样一种环境观，就有了解决这些问题的办法。幸运的是，人类正在处理臭氧减少的问题，而且，由于国际社会赞成《蒙特利尔破坏臭氧层物质管制议定书》(1987)，这个问题似乎已经得到了解决。这让我们看到了，其他问题也有望得到解决。

道德地位

现在可以转向道德地位的概念了。我们在第一章已经看
19 到，道德地位的问题所关注的是，在伦理学上，哪些存在者才是重要的，因而在做决策时应该加以考虑。在理解一般的伦理学，尤其是环境伦理学时，很多东西都取决于如何回答这些问题，因为不同的回答意味着要考量的是不同范围的受影响者。古德帕斯特自己的回答是，道德地位属于任何拥有其自身的善并可能从中受益的事物。他的这个回答现在需要进一步阐发。

事实上，古德帕斯特谈论的不是道德地位，而是“道德可考量性”，只不过这两个术语现在已经可以互换。这是因为他想回答之前由杰弗里·沃诺克提出的一个问题，那个问题涉及的是，要满足哪些条件，才能“让一个要求得到考量”，也就是说，“得到作为道德原则运用对象的理性行动者”考量。如果某个东西应该被考量，那么它就可以被说成是“可考量的”(无关乎其大小或范围)。但与如何措辞相比，更重要的是，这样的东西应该得到道德考量，就是说，应该得到(用古德帕斯特的话说)“最基本的道德尊重”。

此处，古德帕斯特考查了一个问题：这些东西是否就是(道德)权利的拥有者。当然，享有这种权利的一切事物都是道德上可考量的(或者说具有道德地位)。但反过来说可能就不对。所以，很多人否认动物拥有道德权利，但很少人否认，残忍对待

动物是错误的，或者忽视要人照顾的动物是错误的。因此可以认为，某些东西是否拥有权利是可质疑的，或者至少达不到普遍共识，但它们也拥有道德地位。这样，权利概念要比道德可考量性这个概念更狭窄，要求也更高。

动物的例子从另一方面来看也是恰当的。古德帕斯特之所以提出道德可考量性这个问题，一定程度上是出于他对环境及其有生命的成员的关注。尽管有的人可能倾向于认为，唯有人类是道德上可考量的，但他指出，对环境的关注要求一种涉及面 20
更广的观点，对这种观点来说，这个星球上其他生物也很重要，尤其是动物。

为了证明这个观点，他考虑了可能的标准来确定道德上可考量的存在者。具有理性不可能作为必要条件，否则婴儿和大多数动物都被排除掉了。具有感觉能力（有感情）似乎也不是必要条件，因为很多生物即便没有感觉能力也可以有福祉和繁盛。

古德帕斯特喜欢的标准是拥有其自身的善（就是说，其拥有的利益并不是源自其他生物的利益）；因为所有这样的事物都可能从中受益或受害，而受益还是受害则取决于它们的善是得到了提升、维护，还是遭到了破坏。此外，行善（促进其他存在者的利益）是道德的核心，因此，把所有的行善对象看作是道德上可考量的，这就是恰当的。此处，古德帕斯特的推理似乎非常正确。

但是，正如第一章所预示的那样，接受了这条标准就意味着，一切生物都是道德上可考量的（或者说都有道德地位）；这便是古德帕斯特的主要结论。也许他心里想到的是当前的生物。但是，未来的生物也同样拥有它们自身的善，也会受到当前道德行动者的影响。如果我们考虑到这一点，那就意味着，未来的生物也是道德上可考量的。

把如此大范围的生物都看作道德上可考量的对象，这似乎过分扩大了道德的界线，同时又使得道德生活不再可行。但是，古德帕斯特预见到了这个显而易见的问题，他做出了一个关键的区分，认为道德可考量性不等于道德重要性。一个生物的道
21 德重要性涉及的是它道德的分量，从而涉及它相对其他生物而言应该得到多大程度的考量。但这不同于另一个问题：它是否从一开始就是道德上可考量的。

一棵树的道德重要性可能微不足道，不足以压倒一个有感觉能力的生物（比如一只鸟或一只松鼠）的重要性。因此，承认一个生物的道德可考量性，我们也不一定要优先考虑它。而且，当几个具有道德可考量性的生物之间发生利益冲突时，我们也不会面临各种各样看上去不可能的选择。做出这样的选择之所以是可能的，是因为我们所面对的或影响到的不同生物具有不同程度的道德重要性。道德可考量性范围的广泛，与道德重要性的这些差异完全不矛盾。

换句话说，承认生物具有道德地位，这并不会使得道德决定不再可能，或者使得道德不再可行。相反，这丰富了我们对行为语境和道德决定的理解，使得我们在斟酌自己的行为时，既要考虑对人类的影响，也要考虑对其他生物的影响。

但是，如果承认一切生物都有道德地位，就接受了一种“以生物为中心的”立场（已经在第一章提及）或生物中心主义。生物中心主义是一种以生命为中心的伦理学，它主张一切生物个体都具有道德地位。

有的生物中心主义者（比如保罗·泰勒）主张，所有这些生

物都具有平等的道德价值。但是，这种观点与古德帕斯特的观点相冲突。古德帕斯特主张，他们具有不同程度的道德重要性。不过，他的这一立场并没有排除所有的平等考虑，因为它与彼得·辛格的原则——平等的利益应该给予平等的考虑——是一
致的。（不同的生物具有不同的能力和利益，但是如果利益是类 22
似的，就应该给予平等的考虑。）

生物中心主义的拥护者（生物中心主义者）不需要否认组织起来的群体也有道德地位。比如，大多数人都承认，公司和国家享有道德权利，同时也负有道德责任。如果它们没有道德权利，那么就不能声称它们有责任去坚持环境标准。有鉴于此，必须同时主张它们有道德地位，生物中心主义者没有必要否认这一点。

然而有时候，古德帕斯特又表现出一些迹象要超越生物中心主义，并承认物种和生态系统的道德可考量性。这里的问题就在于，这些东西有没有它们自己的利益，以及是否应该被看作有生命的存在者。尽管古德帕斯特看上去大致接受这一说法，但大多数人并不愿意走得如此之远。因此，生物中心主义通常用来指这样一些人，他们承认生物个体具有道德地位，但不承认物种或生态系统具有道德地位。认为除了生物个体以外，物种与／或生态系统也有道德地位，这种观点有一个不同的名字："生态中心主义"。

对于内在价值何在的问题，生物中心主义者和生态中心主义者就像人类中心主义者一样，各自持有一种独特的立场。不过，在认真着手处理这些问题或其他关于价值（内在价值或其他价值）的问题之前，我们需要考虑价值这个关键概念本身。

价 值

如果有理由促进、维护、保护或尊重一种东西，那么它就是有价值的。因此，发现某种东西有价值就意味着，我们有理由对
23 它抱有积极的态度并采取行动。如果我们理解了一种东西的价值，并有了这样的理由，我们就不用再讨论道德地位问题，而是要考虑应该采取什么样的策略和行动的问题了。

不过有些人认为，价值只属于被珍视之物。但是这个观点没有看到，珍视任何有价值之物都需要理由。实际上，很多被珍视之物要么只有很小的价值，要么其价值完全可以忽略不计，而人们之所以珍视它们，仅仅是由于赶时髦或者不适宜的广告宣传。而且，很多有价值之物还没有得到珍视，在很多情况下是因为，它是一种有价值的生物但还没有被人们注意到（甚至尚未被发现），或者是一种有价值的艺术品但还没有被适当地展览，或者还没有完成。因此，事物可能有价值但还没有被珍视；有珍视它们的理由，但那些理由并不总是被人注意到。

有时候有人反驳道：强调价值就是在诉诸财务上或经济上的考虑，因此，建立在价值基础上的环境伦理学必定是被商业化扭曲了的伦理学。但是，如此反驳就是只注意到一种价值而忽视了其他价值。

固然，金钱因为其交换价值而有用，但它并没有全景视野或晚霞所具有的那种价值，也没有健康或幸福所具有的那种价值。它的价值是工具性的，但是就像其他很多具有工具价值的事物一样，它本身并不能让生活变得有价值，尽管有时候人们崇拜金钱，就好像有了钱生活就变得有价值一样。而且，像一切具有工

具价值的事物一样，使得它有价值的东西在它自身之外。建立在价值基础上的环境伦理学，并不是关注金钱这样的可量化的价值，它所关注的价值在于生物的繁盛与福祉。

这又把我们带回到第一章提到过的罗尔斯顿的区分，即工
具价值和内在价值的区分。具有工具价值的事物所拥有的价值 24
是派生性价值，依赖并派生于它自身以外的某个东西的价值。这样的价值与非派生性价值相对。具有非派生性价值的东西之所以有价值，是由于它们自身的本性。它们也可能还有其他类型的价值；因此，教育既可以因其自身而具有价值，也可以因为能带来收入丰厚的工作而有价值。但是这些东西的本质就是，它们是作为目的而具有价值，而不是仅仅作为手段而具有价值；由于不是仅仅作为手段而具有价值，它们赋予旨在实现它们的各种措施、手段和策略以价值与意义。

除了工具价值以外，还有其他类型的派生性价值。在我看来，审美价值就依赖于人或其他感知主体的欣赏能力，比如全景视野和晚霞的价值就是这样。可能存在着多种类型的派生性价值，尽管这一点并不是每个人都赞成，但应该得到承认。因为并不是所有的派生性价值都仅仅是作为获得其他某种东西的手段而有价值。还有一种价值很可能也是派生性的，即象征性价值（比如握手的价值），这种价值依赖于所实施的行为被认为具有何种意义。然而，还有很多东西，它们的价值既不是工具性的，不是作为获得某些东西——我们因其自身之故而珍视那些东西——的手段而具有价值，也不是派生自那些东西。一个比较有道理的例子就是幸福。

人们普遍认为幸福具有内在价值。但是，生活除了幸福以

外还有别的东西，很多人持一种更宽泛的观点，认为内在价值在于人类的福祉或繁盛。比如，亚里士多德在其《尼各马可伦理学》开篇就说，所有的行为都以这样的繁盛为目的。他认为这个说法是一个自明之理。紧接着，他又区分了作为工具的可欲之物和内在而言就可欲或本身就可欲之物。他还在那里补充了一个推理：不可能一切可欲之物都是作为工具而可欲，因为如果是这样，就不存在一种东西能够赋予任何东西以可欲性或意义了。所以一定有某种东西内在而言就是可欲的。他主张，这种东西
25 就是人类的繁盛。

但是大多数人都承认，除了人类的福祉以外，其他生物的福祉也很重要。而一旦承认其他生物也具有道德地位，就难免要承认第一章提到过的一个观点，即它们的繁盛和人类的繁盛一样，都具有内在价值。即便它们的繁盛在道德上没那么重要（这也许是由于它们的能力不一样），它们的道德地位也强烈地暗示着，它们的福祉或繁盛内在而言就是可欲的或具有价值。因为如果一种生物具有道德地位，那么一定有某种与它有关的因素可以作为一条行动的理由，而且还是一条非派生性理由。

有些人认为，有且只有具有感觉能力的生物（有感情的生物）的福祉或繁盛才具有内在价值。这个观点有时候被叫作“感觉主义”。据说，这种有机体具有一个有意识的视角，从那一视角来看，发生在它们身上的事情很重要，这一点不同于落在无感觉能力的有机体身上的好处或伤害。

但是，其他生物缺乏有意识的视角这一事实，并不能使得伤害它们的做法可以接受。对劳特立“最后一人”思想实验的普遍反感，让我们清楚地看到这一点。如果这个想象中的人不必

要地砍倒了一棵长势良好的树，他就是在进行不必要的伤害，是在做错事。至少，这是对这种行为的普遍反应。人们为什么会持这种判断呢？一种可能的解释就是，人们普遍认为，除了有感觉能力的生物的繁盛以外，无感觉能力的生物（比如树）的福祉或繁盛也具有独立的重要性或者内在价值。

在价值上的这种立场与承认一切生物都具有道德地位的立场是一致的。正如刚刚提到的一样，如果一个生物具有道德地位，就会有非派生性理由去促进或维护其福祉。因此，承认生物具有道德地位这种生物中心主义立场也承认，它们的福祉或繁 26
盛具有内在价值。这样，它也就不同于感觉主义，感觉主义只承认有感觉能力的生物具有道德地位，只承认它们的福祉；它也不同于人类中心主义，人类中心主义只承认人类的繁盛。

关于价值，还有一种不同的立场值得一提，即生态中心主义。这种观点认为，生态系统作为一个整体或者物种作为一个整体有自己的身份和善，这种善不能还原为其成员的善，正如一个民族（比如威尔士）或人民（比如威尔士人民）有时候也被说成是有一种不同于其成员的身份和善一样。整个森林就被说成具有这种价值，而不仅仅是作为个体的树及其繁盛才具有这种价值。出于显而易见的理由，这种立场有时候又以“生态整体主义”著称。

然而，生态系统变动不居，如何辨别出生态系统的身份并不是显而易见的。有鉴于此，正如詹姆斯·斯特巴和艾玛·马里斯所主张的那样，我们并不清楚要如何理解和辨识出一个生态系统的善。至于物种，要么可以理解为族群，要么可以理解为抽象的概念。

但抽象的概念几乎不能被认为具有内在价值。至于族群，如果承认个体生物的福祉有内在价值，那么除了族群成员的内在价值以外，没有必要再认为这样的生物构成的族群还有内在价值。相反，生态系统和物种可以被看作母体，具有内在价值的个体从中产生，从而具有了价值。然而，生态中心主义不断地鼓舞着许许多多坚定的环保主义者。

在讨论对正确行为的不同理解时，我们最后会回到这些关于价值的立场。就目前的目的而言，重要的或许是这些立场的共同之处，也即它们对价值的积极肯定，以及它们的一种信心：
27 相信人们有能力辨识出价值并受它驱动和鼓舞。

相反，那些否认内在价值的人，或者拒绝一切辨识内在价值要求的人，往往会使得所有的行为和事业都得不到证成、徒劳无益且没有意义。因为行为要想得到证成，就需要有理由，而提供这些理由的恰恰是价值，最终是内在价值。因而，价值为伦理学提供了根基和动力，这一说法对环境伦理学来说同样是正确的，
28 本章所讨论的各种各样的“中心主义”已经证明了这一点。

第三章

未来世代

未来世代的道德地位

对未来世代的关心可以追溯到摩西十诫，西塞罗和塞涅卡在古罗马人中间就表达了这种关心，中世纪的但丁也表达过。不过，当前的人会在很大程度上改变未来这种信念产生于启蒙运动时期。我们这一代人可能会受到后代评判这种信念也是这样。

然而，早在1714年，约瑟夫·艾迪森就问过，既然未来人从来没有为我们做过任何事情，为什么我们应该关心他们呢？不过，更晚近一点的托马斯·汤普森虽然也怀疑对未来人有责任，但他还是承认，“为什么要关心未来世代”和“为什么要有道德”实际上是同一个问题。无论如何，“为什么要关心未来世代”至少和“为什么要关心现在和我们共享这颗星球的人”是相似的问题。

这样，如果我们关心当前人的福祉，我们就很难对我们身后

的孩子和孙子的福祉无动于衷，就好像我们的死会毁掉道德世
29 界一样。在很多非洲传统中，这种联系被看作理所当然；土地不属于个人，而属于宗族这样的跨代集体，任何族长如果剥夺了后代本来可以指望继承的利益，都可能被罢免。

当我们考虑当前的人对其后人有多大的责任时，相关的未来世代包括了所有可以预见会受到当前人行为影响的人。这些人不仅仅是我们孩子那一代，还包括更远的后代，只要我们能够影响他们；因为当前行为的影响并不仅仅局限于下一代。

因此，如果我们释放出半衰期为几个世纪的放射性物质（或以不安全的方式掩埋），那么生活在这几个世纪的几代人就与我们当前的责任息息相关。正如奥诺拉·奥尼尔所主张，这些人也具有道德地位，至少从那些其行为会影响到他们的人的视角来看是这样。但是，鉴于当前碳排放的长远影响及其往往可以避免的特征，能够影响未来世代的人正是当前活着的大多数人。

对这个观点的质疑：无身份问题

对于相信未来世代的道德地位，最根本的质疑也许基于一个假定：我们的义务仅限于让特定的后人状况得到改善，并避免伤害他们。但是，我们不能仅仅通过改变政策来做到这一点，因为采取非常不同的社会与经济政策（比如贯彻可持续的措施）就会使得我们生出不同的后人。因为采取这样的政策意味着，人们会遇到不同的人，生出不同的孩子。这样，要是没有对政策
30 做出这样的改变，那么现在活着的人就没有谁会活着；所以现在活着的人就没有谁的状况会变好。哲学家知道，这个问题叫作

“无身份问题”[①]。

换句话说，大多数未来人不可能受到当前政策选择的伤害。充其量，与不改变政策相比，采取新的政策会使得下一代的状况更好，但这两种情况下的下一代并不是同一群人。要是坚持旧的政策与惯例，那些状况更好的人根本就不会存在。因此，如果道德只要求我们避免伤害特定的后人，或让这些人状况更好，那么新的社会政策就无法在这种基础上得到证成。实际上，根本不可能对这些政策下出生的后人亏欠任何东西。

这个想法涉及我们对后世的义务之限度。然而对于这一想法，有人提出了质疑。因为我们不仅可以对特定的个人负有义务或责任，而且也可以对将会在某一时间生活在某一地点的任何人负有义务和责任，只要我们会影响到这些人的平均生活水平。如果我们承认对遥远的陌生人也负有义务，比如有义务减少疟疾这样的疾病或减轻他们的贫困，那么我们就已经假定了这一观点。同样，如果我们可以提高后人的平均生活水平，那么我们当中那些能够做到这一点的人就有责任这样做，尽管我们无法知道谁会过上更好的生活（就是说，与我们没有做出努力的情况下的生活相比更好）。

德里克·帕菲特用思想实验来论证了这个观点。比如说，我们可以通过消耗资源来让当前的人受益，但是这样一来，与把同样的资源留给所有可以预见到的后代相比，后代的生活水平要低得多。如果认为我们只对特定的个人负有义务，那么未来 31

① 也有学者将之译为“非同一性问题”，但译者没有采用这个译名。因为这个译名主要涉及人格同一性问题，而这个概念在这里主要涉及未来世代的人是否有确定的身份，故译为“无身份问题”。——译注

人更低的生活水平就和消耗资源的决策毫无关系，而且我们应该忘记未来人，完全把注意力放在当前这一代人身上。但是，考虑过这种想象情境的大多数人都会赞成帕菲特，不会接受这种推论。因此，作为这个推论之基础的假定也必须抛弃。我们对后世所负有的义务不仅仅是对特定个人，而且也对生活在可预见的将来的任何人。

因此，尽管大多数未来人都无法确定身份，但这一点并不能阻止他们具有道德地位。无论我们是否对作为个体的他们负有义务，我们仍然会对他们负有责任。

折现未来的利益：不确定性

即便未来人及其利益是重要的，人们也普遍认为，他们的利益没有当前的利益重要，因此，我们便可以按一个固定的年度百分比（比如每年5%）来折算未来的利益与损失。通常为此给出的一条理由就是，未来的利益与损失是不确定的。因此，今天所发现的疾病治疗办法可能在将来效果越来越差，或者无法治疗新的疾病；如果海平面的上升超过了预期，新的防洪办法也不再有效。即便我们认识到未来的关节炎将和今天的关节炎一样让人难受，由于它实际上是否会发生是不确定的，这似乎也使得没有必要今天就优先采取预防措施。

但是，即便某些未来的利益与损失不确定，我们也并不能因此就全部都进行折现。因此，很多未来的损失都是完全可以预测的。比如，如果不采取应对措施，疟疾会致命；如果仍然以当前的速度排放温室气体，就可以预见到海平面会上升，滨海和河口地区会洪水泛滥。（自然规律可以被认为是亘古不变的。）而且，当前政策（比如，进行全民公决的决定）试图实现的利益很多也是不确定的，正如这些政策试图防止的伤害很多都是不确定的一样。

这样，确定性与时间上接近当下之间没有任何联系。因此，基于不确定性来折现所有未来的伤害和利益，认为它们不如当前的伤害和利益重要，这是没有根据的。不确定性充其量只能作为选择性折现的根据，比如在有独特理由怀疑当前预测和预期的情况下就是这样。

另外，折现未来利益的传统做法还意味着，在评估未来的利益和损失时，要基于某种复利逐年折算其价值。因此，三十年利益的价值就是按约定的三十倍以上的折算百分比减少，其也就变得可以忽略不计了。但是，这种方法从根本上忽略了一个事实，即人们普遍很关心为自己的子女和孙子孙女保留有价值的东西（无论是艺术品还是自然物种）。因此，仅仅以普遍的不确定性描述未来，尚不足以为如此极端地无视我们所珍视之物做出解释。

折现未来的利益：时间偏好

为折现未来利益给出的另一条理由在于，这种做法得到了当前人的偏好支持，经验研究也证明了这一点。比如，当下救一条命通常被认为至少和未来一百年时间里救五十五条命一样有价值。人们认为，民主的决策应该重视这种得到广泛证明的公众时间偏好。

不过，希拉里·格雷厄姆发现，因为这类问卷和调查的语言通常具有匿名性，而且问卷设计也未能抓住受试者真正关心的

东西[1]，所以这样的结论是不准确的。相反，如果让受试者比较
各种不同的政策选项，那些政策要么可以救他们同代某些人的
33 命，要么可以救他们子女那一代某些人的命，要么可以救他们孙
辈某些人的命，那么所得到的结论就非常不同。在回答这些调
查时，大多数人都偏好能在三代人中救相同数量生命的政策选
择；还有很多人实际上支持的是这样的政策选项，这些政策救他
们孙辈生命的数量最多，救他们子女辈生命的数量其次，救他们
自己这一代生命的数量最少。

当问题换成短期防洪计划和长远防洪计划时，也得出了类似的调查结果。因此，大多数受试者觉得和未来世代是联系在一起的，因此也可以说，他们实际上是认同未来世代的。然而，现在的成年人的孙辈可以被合理地认为会包含一百年的时间，因为利用匿名调查对此所做的研究得出了完全不同的结论。

因此，对偏好的经验研究所得出的证据最终不能支持折现未来利益的做法，而且还表明，预期会让我们孙辈及其同龄人受益的投资得到了广泛的支持。（要想搞清楚是否同样支持曾孙辈的利益，还需要更多的经验研究。）因此，即便我们承认公众的偏好与折现未来利益的决定在道德上紧密相关，这些偏好也并非显然支持这种做法而不是相反的做法，比如用长远投资来促进未来世代的利益，或者用长远的政策来保护艺术品、自然美景、物种或动物栖息地。

对于折现未来的代价与利益，有时候还有人提出其他一些理

① 比如，大多数受试者对于未来一百年后的事情可能不是太关心。正如下文所指出的，希拉里·格雷厄姆认为，如果问卷涉及的不是一百年后的人，而是受试人的子女辈或孙辈，得出的结论就会不同。——译注

由，比如认为未来人可能比我们这一代人更富裕。但是，如果说有些预言和预期有充分理由加以怀疑的话，那么这个假定似乎是一个很好的例子。类似于此的假定有时候被用来支持当前的资源消 34
费；它认为，未来人一定能够发展出足够先进的技术来生产替代品。然而，很多资源其实是无法替代的（想想物种与生态系统）；要想确保稀有矿产这样的资源未来仍然可得，唯一的办法就是保护它们的存量，就像人类已经在斯瓦尔巴全球种子库保存了种子一样。

总体而言，为折现未来利益而提出的理由没能证成全面折现。充其量，它们只能证成选择性的折现，在这些情况下，特殊的理由（无论是不确定性还是机会成本）可能被证明具有独特的相关性。这一结论引发了许多大问题，这些问题涉及如何认真对待我们对未来世代的责任。

未来的偏好与需求

但是，如果未来人的利益取决于他们的偏好，那么，由于他们的偏好、态度和品位不可预测，尽管我们希望考虑他们的利益，但我们不知道他们的偏好，因而也就无法考虑他们的利益。有的哲学家认为，这阻碍着我们为了他们的利益而保护任何东西，无论是保护野生物种、自然美景，还是画作、雕像和音乐作品这样的艺术品。因为，如果未来人的品位和我们完全不同，那么我们费尽心机要传承一份有价值的遗产就不值得了。

这一类哲学家中也有人认为，我们因此应该制订一些计划，以确保未来人被教育得能够（比如说）欣赏自然环境的多样性与美景。这是一个值得回头再来讨论的话题，哪怕它试图解决的问题被证明是一种误解。 35

不过，那个所谓的问题一定是一种误解。因为我们可以预见到许多未来的利益，比如未来人也需要居所和衣物，可靠的食物供应，需要继承一个相对来说没有被污染的环境。实际上，在讨论折现未来利益与代价时，这些是我们可以获得的先见（本章之前提出过这一点）。但是，我们可以预见的与其说是人的偏好，不如说是人的需要。要过一种体面的人类生活，除了其他需要以外，未来人会要求满足刚刚提到的那些需要，即便他们不会全都偏好于依赖这些需要；对他们的利益来说，至关重要的是满足他们的需要，而非满足他们的偏好。

诚然，如果把我们自己对这些普遍人类需要的解释（比如服饰风格或饮食习惯）强加给他们，这是不明智的，因为他们可能和我们具有不同的偏好。但是，如果我们为他们的普遍人类需要做好准备，我们就不太可能再完全无视他们的价值观。因为他们可能至少会让自己的某些偏好与价值观同任何时代任何地方的人类共同需要保持一致。

承认了未来人也需要一个相对而言未被污染的环境，这就已经在很大程度上知道了我们应该为他们提供些什么。比如，1987年的《蒙特利尔议定书》禁止使用被称为氟氯碳化物和氢氟氯碳化物的化学物质，以便保护臭氧层，也保护今天和未来的人类（以及其他生物）远离皮肤癌。该议定书为满足这些需要奠定了基础，只要议定书的签署方继续遵守协定。2016年的《基加利协定》也是如此，该协定禁止使用被称为氢氟烃的化学物质，这种化学品被用来替代《蒙特利尔议定书》所禁止的那些
36 化学物质，但是后来发现同样有害。

而且，如果E. O. 威尔逊的亲生命性理论是正确的，并且人

类都有一种根深蒂固的需要，要和生物与绿色空间联系在一起，那么在更广泛的范围内为未来人做一些与环境有关的准备就是应该的。在发达国家，城镇与乡村的设计者已经在为这种显而易见的需要以及相关的需要做准备，比如要有一些开放的空间供人玩耍、休闲和远离人群；如果亲生命性理论被证明是正确的，那么这样的准备就不仅在当代欧美发达国家是必要的，而且在全世界范围内以及在未来几个世纪都是必要的。

这里有必要补充一点，如果非人类物种像第一章和第二章所说的那样具有道德地位的话，那么未来世代的需要也包括了未来世代的非人类物种的需要。这些物种当中只有一些物种有偏好，但是全都既有生存的需要，也有健康生长的需要，为此就要保护它们的栖息地以及它们赖以生存的气候。如果这些需要被忽视了，而且物种继续灭绝，那么数十亿原本会活着的宝贵生命就会不可挽回地失去。

当前很多物种如果现在和不久的将来没有被消灭，实际上能够比人类活得更久，从而在人类灭绝了以后还可以在我们这个星球上继续生活。因此，忽视非人类的需要实际上就是在灭绝物种，或者说是在摧毁整个物种，而且往往是在摧毁物种群，而这种摧毁本来是可以避免的。换句话说，正如罗尔斯顿所指出的，使得所有形式的生命在未来都不再可能，不仅仅是在屠杀个体，而且是在对整个种群以及这些种群当中可能出现的所有个体进行永久的“超级屠杀”。

一些与未来相关的政策

把所有这些未来的需要和当前的需要一起考虑进去，并不

37 是一件容易的事情。即便我们注意到人类在当前世界未得到满足的需要是何其多，且正确处理这一点非常重要，事情也并不会变得更简单。我在第八章讨论缓解气候变化时会考虑这个问题的解决办法，不过可以在这里提一下这些问题的某些方面，以便表明如何避免当前和未来威胁到人类与非人类健康的有害做法和疏忽，以及如何引入更好的做法。

我心里想到的有害做法包括以碳为基础的能源生产。在当前的世界上，很多人不得不用木材和其他生物质能燃料来取暖和做饭，在获取燃料时，他们不得不砍伐树木和森林；还有的人则砍掉一大片森林来开矿、修路、建水坝和冶炼厂（见图3）。但是，森林滥伐破坏了野生动物重要的栖息地，加剧了碳排放问题，而家庭用火不仅让这个问题变得更严重，而且也是城市雾霾和肺部健康问题的源头。

图3　泰国北碧府爱侣湾瀑布：必须保护森林，既为了森林里的动植物，也
38 为了我们的子孙

家庭用火及其相伴的污染问题，最初可以通过更多地使用更高效的炉子来解决，有的炉子烧的是更安全的燃料，比如烧液化石油气而不是木头和动物粪便。更长远的解决办法包括通过用可再生能源（比如太阳能、潮汐能、风能、波浪能、水力电能）发电来取代所有这样的燃料，这样也会减缓森林滥伐的总体速度，缩小森林滥伐的范围。这些做法可以永远持续下去，这样就不仅为当代人也为我们的后人提供了解决办法。

对于有毒物质，当今世界的处理方式往往是将它们倾倒在发展中国家的垃圾堆里，或者倾倒在发达国家更贫穷地区的垃圾堆里。这样的处理方式既增加了不平等，又加剧了健康问题。但是，完全可以用埋入安全地下储存处的做法来取而代之，让有害物质远离脆弱的人们和其他生物。如果一种东西根本没有安全的办法掩埋，那就根本不应该生产出来（核能发电的副产品可能就是一个典型的例子）；除此以外，有害物质的处理也应该具有可持续性，以避免毒害未来世代。

同样地，土壤侵蚀和沙漠增加也可以通过一些可持续的做法来解决，比如明智地选择植树计划。这样的做法一旦确立起来，就不仅能改善未来世代呼吸的空气，还能让他们受益。这些只是诸多环境问题和补救措施中的一部分，但是它们也提供了一些方法的例子，以使当前的政策可以防止未来的利益受到损害，特别是那些一旦实行就可以永远维持的政策。

激发新世代

尽管为未来的需要做准备是否正当，并不依赖于未来人的态度，也不依赖于当前对他们态度的预测，但那些人对他们周围世界的态度仍然至关重要。比如，要由他们来决定是否坚持有益的可持续做法；他们是否愿意保护野生物种和栖息地，有可能取决于他们是否欣赏地球上的生命的多样性和奇迹，无论是远处的还是近处的。如果政府层面的承诺不是建立在民主的基础之上，而且也没有在公民之间形成广泛的共识，那么承诺也不会有效。

这有助于突显出广泛环境教育的重要性，要从小学生开始在各个层次进行环境教育。要想培养对自然的欣赏和热爱，更好的办法可能是让孩子经常去公园和野生动物栖息地参加户外活动，而不是在教室里上课。不过，电视上的野生动物节目也有作用；正如马丁·休斯-盖姆斯最近所说，这样的节目需要让人注意到人类对野生物种的影响，并注意到减少影响的必要性，否则就是在纵容目前对这些物种进行的大屠杀。

这种教育还可以推动旨在早日稳定人口水平的政策。教育女孩特别是妇女限制其家庭的规模，这已经在促进大多数地方正在发生的人口转型，即从大家庭转向更小的家庭。如果要减少人类对自然的影响，就必须出现一个人口零增长的世界，而这在很大程度上取决于这种教育的继续和普及。

如果后代要制定环境保护、可持续生存与关照自然物种方面的政策，很多事情显然都要靠尽早、有效且持续性地引入环境
40 教育。

代表未来世代

未来世代肯定会受到当前决策的影响，但是在当前几乎所有的决策机构中他们都没有代表。1997年联合国教科文组织颁

布的《当代人对未来世代的责任宣言》第一条宣布:“当代人有责任确保当代人和未来世代的需要和利益得到恰当的保障。”显然有必要找到保障这些需要和利益的办法。

一部分解决办法在于,要确保未来世代继承现行的民主机构,这些机构致力于支持社会正义、人权和一种较高的生活质量,包括环境质量。如果缺少这些机构,或者这些机构正在濒临崩溃,那么未来世代就必须重新力争建立起这些机构。不过,这样的机构尽管不可或缺,但对于未来需要和利益的满足来说还远远不够。

另一部分解决办法要求将一些制度落到实处,那些制度的作用在于长远规划基础设施、能源和淡水供应。尽管很多人抵制这样的中央计划,但私人企业事实上依赖于一套可靠的基础设施和公共服务,而这些东西应该尽可能建立在可再生能源的基础上。对很多国家而言,建立这样的可持续体系需要国际合作。

不过,还需要采取更多的措施。比如,需要一些措施来为未来世代保留一些选择,不仅维护环境的质量,还要维护剧院、博物馆和图书馆这样的文化设施。常常有人为了短期利益而想削减这样的选择和设施,需要有未来利益的拥护者来抵制这些诱 41
惑。因此,有理由找一些代理人来代表未来世代。

有一个建议认为,每一个立法机构都应该有少量成员被委以保护未来利益的重任,他们应该得到专门研究未来需要的团队的支持。正如克里斯蒂安·斯卡恩·埃克利所指出的,有了代表未来世代的声音,很可能就会改善决策。但是也有一种危险,即其他立法机构成员会把代表未来世代的任务留给那些专门负责代表未来世代的成员，而采取短期主义思维。

还有一个问题涉及如何任命尚不存在的选民的代表。如果人们一致赞成从关注未来的压力集团和环保主义压力集团（以便也可以照顾到未来非人类生物的利益）中任命这些代表，也许就可以解决这个问题，只要这些压力集团本身满足民主的标准；但是，这些代表仍然可能会面临当前选民中以民主选举方式产生的议员的挑战。

另外一种可能的办法就是，任命一个监察专员作为未来利益的监察人。匈牙利议会专员就是一个很好的例子，他的职责是监督法律，“以确保法律保护人们享有健康环境的基本权利”，同时也可以“调查对环境或未来世代的潜在（或传言的）侵犯或威胁”，可以审查中央政府、市政府和地方政府的行为，并有相应的权力阻止或纠正政府的行为。尽管这样一个职位可能会引起争议，也可能会被滥用，但它对既得利益的挑战很可能非常有益。

还有一种很不一样的办法就是，通过立法手段赋予生态系统（比如河流）以法律权利，克里斯托弗·斯通就曾经如此建议。2017年，印度的恒河和亚穆纳河以及新西兰的旺格努伊河都被赋予了权利。尽管这里也存在一些危险，其中一种危险便是控制污染更困难了，但是对未来使用这些河流的人类以及河里未来的生物来说，明显是有利的。生物中心主义者尽管不赋予河流这样的实体以道德地位，也可以因未来的人类和其他生物会受益而称赞这样的保护措施。

最后一种可能的办法就是，一个国家的宪法里做出一些与未来相关的保证。这样，正如世界未来理事会的报告所指出的，

《厄瓜多尔宪法》保证“一种环境平衡的可持续发展模式……以便保护生物多样性和生态系统的自然再生能力，确保满足当代人和未来世代的需要”。与此类似，《南非宪法》也承认每个人都有权利“拥有得到保护的环境，既为了当代人的利益，也为了未来世代的利益”。这些规定并未能在如何解释和运用它们的问题上阻止各种争议，但是它们确立了一种可靠的方式来集中关注原本可能会被忽视的问题。 43

第四章

正确行为的原则

道德知识

和伦理学其他分支的伦理学家一样，环境伦理学家不可避免地要考虑，该做什么或不该做什么，以及如何确定或发现这个问题的答案。幸运的是，我们并不是在此才开始遇到这些问题，我们已经在第三章就我们对未来世代的义务问题得出了结论。这些结论现在可以帮助我们反思如何理解道德原则。比如，支持对未来世代负有义务的理论应该比对这种义务只有一点点关注的理论更可取。

要在道德原则上取得进步会面临一个障碍，即人们普遍认为，应该做什么或不应该做什么的问题全都是意见问题，这里不可能存在着知识。对这些问题的讨论耗费了大量笔墨，我们必须把这些讨论搁置一边。我们只需要指出一点就够了，即大多数人都承认，确实存在着关于对错之区分的知识，而且道德主张有时候肯定可以为真，或者可以是正确的。还有可能，很多这样的主张太晦涩了，或者太笼统了，并不可靠，我们需要非常小心才能声称已经获得了道德知识。然而，道德知识是可以存在的，这将鼓励我们继续寻找它，而不是对寻找的尝试感到 44
失望。

有些人发现一个问题："应该"一词模糊不清。这种印象很可能是由于"应该"一词被用于不同场合，作为几种不同类型"应该"的简称，比如"审慎意义上应该"（为了一个人自己的利益而应该）、"法律上应该"、"技术上应该"、"审美上应该"、"道德上应该"。"道德上应该"的意思类似于"为了受到影响的具有道德地位的各方利益而应该"，这显然不同于"如果你要遵守法律就应该"，"如果你想使用最佳技术手段来达到你的目的就应该"，等等。因此，尽管未加限定的"应该"可能是任何一种"应该"，因而人们可能无法对之达成一致意见，但道德上的"应该"要清楚得多。这样来看，道德知识就变得可能了。

有些人觉得他们有时候可以对特定的道德判断很确定（比如他们应该为自己年幼的孩子做些什么），但对原则并不是这样，原则依赖于诸如"所有"或"没有任何"这样的词语。确实，大多数原则都包含了例外条款，比如"除非这条原则与一条同样基本的原则相冲突"，或者"除非在极其特殊的情况下"。但是，像"诺言应该（全都）得到遵守"这样的原则一般情况下仍然是可靠的，而且我们也可以知道确实是这样。（为什么是这样呢？这个问题的讨论会引入各种哲学理论，但这些哲学理论往往不如这类原则可靠。）因此，没有必要对寻求道德原则感到绝望，尽管它们具有普遍性，即便它们包括了类似于"应该"这样的词语。

契约模式的伦理学

有些哲学家（包括罗尔斯）提出，如果理性、自利且知道一般而言的人类生活但不知道他们自己生活前景的个人会一致同意某些原则与判断，那么这些原则与判断就是可以接受且公平
45 的。这一思想实验被设计来避免源自（比如说）社会特权或阶级利益的可能偏见。这样，我们来设想，当我们坐下来判定什么样的社会安排是公平的时候，我们就来到一张“无知之幕”后面，这张“无知之幕”导致我们忘记了我们是富裕还是贫穷，身体健全还是残疾，年轻还是年老。我们进一步想象，我们不知道我们将要生活在哪一个社会，更不要说生活在哪一个家庭或属于何种性别了，我们只知道我们需要在同一个社会中共同生活，且属于同一代人。

这便是一种契约理论，其基础是在上述条件下可以得到一致同意的原则与判断。罗尔斯主张，在对我们的未来如此不确定的条件下，我们唯一理性的做法就是投票赞成这样的原则和政策，它们为每个人的权利提供平等的保护，确保有公平的机会过自己喜欢的生活，并去改善境况最差者的福利（因为我们可能是其中之一）。

当人们需要设计共同的制度来处理他们的关系时，这种办法是有可取之处的。但是，如果不得不考虑未来世代（第三章已经论证，必须考虑他们），它的优势就不那么明显了。为了把未来世代考虑进去，罗尔斯起初修改了立约方是自利的这个假定，使得他们既关心他们作为个体的自己，也关心他们自己的后代或“世系”。他认为，有了这个动机，他们就会选择一条“正义的

储蓄原则”，这样，每一代都通过投资来惠及其后代，后代的境况就不会比之前的世代更糟糕。然而在《政治自由主义》（1993）中，罗尔斯放弃了这一条原则，而认为可以选择任何一种资源保护和分配原则（这对未来世代有潜在的影响），只要任何一代人都希望他们自己这一代（以及后代）遵循那些原则，也希望之前的世代所遵循的也是那些原则。 46

对于这些与未来相关的义务，这是一种比较老套的解释。此处，我们可能想为这种老套解释补充几条其他原则，比如维护一个良好的环境并禁止部署定时炸弹。但是，真正的问题在其他地方。一方面，罗尔斯有一段时间试图修正人们的动机，以便他们能够关心他们的“世系”，但他后来又放弃了这种做法。另一方面，他的选择者被描述为没有任何社会纽带，比如家庭纽带或朋友。他们仍旧是女性主义哲学家塞拉·本哈比所谓的“非嵌入的和脱离肉体的个人”。她还补充道，没有理由认为这样的个人所做的选择对他们自己这一代或随后的世代来说是正义的或正确的，即便他们的动机被修正为要关心其“世系”。我们还可以补充说，如果社会安排建立在罗尔斯的一个看法上，即除人类以外的一切东西都只不过是需要进行“公平”分配的资源，那就不会有公平或正义。

有人认为，问题出在罗尔斯的选择者是同一代人，如果他们是所有未来世代的代表，问题就可以得到缓解。但是，这并没有解决本哈比提出的问题，而且还引出了另一个问题。因为所建议的这种改进办法假定已经知道会有多少代人。然而，有多少代人本身在一定程度上取决于选择者要为他们的社会选择哪些规则。因此，所建议的改进办法最后陷入了循环论证；选择者必须决定某种在他们开始做决定之前就必须确定的事情。

还有人提出了其他一些契约理论。但是，它们都面临一个
已经暗示过的问题，即如何公平地把非人类的生物考虑进去。
因为它们都建立在契约的基础上，而这些契约是由理性的、能交
流并使用语言的人来订立的，这就排除了其他种类生物的参与。
如果要把这些生物考虑进去，也只能通过要求这样做的人来考
47 虑；但是，这就不仅要求一定程度的利他主义，而在社会规则制
定出来之前，契约理论是不愿意假定利他主义的；而且还要求在
一定程度上对其他物种的需要有所洞见与理解，但这些洞见与
理解很难获得，当然也就不可靠了。换句话说，契约理论都在如
何确保物种间公平这个问题上失败了。

契约理论仍然可以作为一种有用的模型来达成国际协议，因为如果对于一套国际规则，人们无论处于哪个社会都会赞成，这就表明所选择的规则是公平的。有些理论家朝着这一方向修正了罗尔斯的契约，并将修正后的理论运用于像国际贸易这样的问题，以及如何分享国际河流的水域这样的问题。但是，契约论仍然无法确保代际公平和物种间公平。

美德伦理学

一种更有希望的进路是美德伦理学进路。美德伦理学的拥护者主张，品格比正确的行为更重要，因为它使得人可靠且值得信任，更有可能在将来一致且公平地行事，而不是仅仅遵循道德规则。美德伦理学的很多支持者，都从亚里士多德那里得出他们对美德的解释。亚里士多德非常有洞见，他把美德（以及恶品）描述为源于一系列选择的稳定倾向，而且还涉及实践智慧。

因此，对亚里士多德来说，美德是一些品格特征，只有具备了这些品格特征，我们才能变成最好的、最全面的、发展充分的人，才能抵制冲动的激情（畏惧、贪婪等），这些激情使得我们无法明智地过自己的生活。有美德的人很可能是得到良好教养的人。在这种进路看来，正确的行为无非就是有美德且得到良好教养的人会采取的行为。

对这种进路有很多话可说。如果我们问自己，我们是否在像一个勇敢、友善、谦逊而公正的人那样行事，我们的行为就不
太可能具有故意的破坏性，更不要说灾难性了。另外，正如罗莎 48
琳德·赫斯特豪斯所主张，美德可以被解释为要把未来的人和动物都考虑进去，因为这些都可以作为友善和公平的对象。这种理论倾向于认为，重要的是我们的意图（或许还有我们的动机）；但是，在任何一种情况下人们都普遍认为，按照我们所应该做的去行动，意图都是至关重要的。

不过，当涉及行为的意外后果时，这种进路看起来就更软弱无力了。很多后果都是可预见的，让我们对可预见的后果负责不无道理，无论是不是我们故意造成的。因此，以剥夺未来几代人的森林为代价，破坏森林来筹措资金以便偿还国际债务，这样的行为很可能是受误导而为，尽管看上去很有美德。同样的说法也适用于其他许多无视未来的人类与（或）其他物种需要的资源配置方式。另外一个例子就是，基于环保主义者的理由而购买一辆柴油汽车，因为它的碳排放量低，但不考虑它会排放一些细微颗粒物和氧化亚氮，从而提升空气污染的危险等级。

美德伦理学家可能会回应说，不关心我们的作为和不作为在未来的意外后果，这本身就是缺德的表现。但如果是这样，所

提供的就是一种对美德与恶品非常苛刻的解释，这种解释在亚里士多德那里并不存在。正如我们在第一章所提到的那样，亚里士多德主张，我们不得不忽视当前的行为对未来世代的影响，否则就会使得伦理学太复杂、太困难。无论如何，这种对美德与恶品的解释不仅仅把道德建立在意图或动机的基础上，它实际上还依赖于当前行为的未来后果所具有的道德意义。

这已经表明，道德肯定不仅仅是意图或动机问题。正如我们已经看到的一样，仅有某些对美德的解释把未来世代和其
49 他物种考虑进去了。在技术迅速变革的时代，像得到良好教养的人那样行事也可能会带来灾难，因为这并没有考虑严重的和（或）不可逆的影响。因此，有美德的行为本身看起来似乎不一定就是正确的或道德上正当的。

另外，即便是美德伦理学的支持者比如赫斯特豪斯也承认，没有人是完全有美德的。当无法达到自己的标准时，我们所有人都容易意志软弱；当我们无法面对困扰我们的挑战时，我们都容易沮丧；在陌生或紧急的情况下，我们都容易困惑。赫斯特豪斯指出，这也正是常识性道德规则的意义之一。这样的规则可以提醒人们一个有美德的人会如何行事，哪怕其美德倾向暂时失效了，由此至少会逃避完全符合美德的行为，过后她也会为之后悔。这些规则的另一个意义就在于，它们让年轻人在自己的品格完全形成之前就熟知符合美德的行为是什么样的。因此，即便对于美德伦理学来说，精心选择且可以得到证成的道德规则也是必不可少的。

但这是一个很重要的让步，因为对这些道德规则的证成不能依靠美德，而是必须依靠它们以外的其他某种东西。罗尔斯

顿最近提出了一个类似的回应：是价值（包括自然的内在价值）赋予美德以意义，而不是相反。

然而，正如戴尔·贾米森所主张的那样，如果我们去追求某些美德就能让当前和未来的人与其他生物都受益，那么那些美德就值得培养，而且可能构成了一种可以接受的正确行为理论的一部分。当然，与每当必须做决定时都去计算后果相比，如果人们坚持这种有益的个性特征，结果很可能会更好。错误计算后果的风险太大了。但是，正确的行为既应该把道德惯例考虑进去，这样做的好处是，它们得到了广泛的接受从而具有可靠性；也应该把我们反思决策（无论是个人的还是集体的）的可预见性后果的能力考虑进去。所有这一切都让我们超出了美德伦 50
理学的范围，并回到道德规则的地位问题上。

规则与义务

有些哲学家主张，正确就意味着符合某些规则，这些规则要么是自明的，要么是理性与自洽的考虑所要求的。他们心里想到的规则，就是勿杀人、遵守诺言、勿说谎这样一些对社会来说至关重要的规则。关于这种规则，戴维·罗斯曾经罗列过一份简短的清单，这份清单包括五条这样的规则。人们常常将这种进路与诉诸规则的后果或行为的后果来证成规则或行为的进路（“后果论”）相对照。由于它强调义务（有时候则强调，仅仅因为它们是义务便要履行），它又被称为道义论（这个词来自希腊语的duty）。

有时候，人们所赞成的义务被当作自明的，或者无论是与可能会给出的证成相比，还是与可能会受到的批评相比，都更确定地为人所知。因此，无论人们是否具有符合美德的倾向，这些义务都适用于它们，而且这一主张似乎有利于我们正在考虑的这种进路。然而，那些赞成这种进路的人（“道义论者”）仍然需要说明，当规则相互冲突时，人们应该做什么；还要说明它们是否容许有例外，比如，唯有违背诺言才能避免一场灾难时该怎么办。

他们还必须解释如何引入新规则来处理新问题，比如环境保护和回收利用的问题，因为否则的话，他们的进路就不能对新问题做出反应，包括环境问题。但是所有这一切都表明，即便规则可以得到证成而且是可靠的，或许仍然不能仅仅诉诸规则。

康德建议我们让理性来做我们的向导。采用某些规则一般是为了达到某种目的，但如果我们采用那些规则反而使得我
51 们达不到那种目的，那么采用那些规则就是不理性的。因此，理性地说，我们应该断然拒绝任何这样的规则。（他称之为道德的“绝对命令”。）比如，我们想赞同这样一条规则，它允许我们未经他人同意就强迫他人按我们的喜好做事，从而把他们仅仅当作“物”，只要这样做符合我们的个人目标。康德主张，在这样做之前，我们必须扪心自问，采用这样一条规则是不是会自我挫败。道德规则旨在具有普遍的适用性，因此我们必须追问，如果这条规则得到了普遍采纳，它是不是会自我挫败。它显然会自我挫败。那条规则不能促进个人目的的实现，反而会因为允许压倒个人目的而适得其反。因为它是自我挫败的，理性要求我们断然拒绝它，无论会有什么样的后果。

相反，我们应该始终尊重人，不要把他们仅仅当作物，而要当作“目的本身”，和我们有同样的权利追求自己的个人目的。

乍看起来，这好像是一种选择道德规则与原则的有用办法（它谴责利用人）。但是，它彻底忽视了非人类的动物和其他生物的福祉，这使得它不是一种完备的正确行为指南。另外，在对未来世代的义务方面，也很难从它那里得出任何明确的指南。

康德的追随者有时候试图把他的学说运用于社会关系，鉴于尊重人这一要求，必须不带暴力和欺诈地践行这些学说。但是，我们可以回应说，他明确地忽视行为、规则和惯例的后果，也忽视由此给他的理论造成的问题（这一点已经在上述成问题的例子中揭示出来了）。这意味着我们需要一种处理道德规则的不同进路。另外，康德要求我们遵循不会自我挫败的规则，无论后果多么严重和极端，这太牵强了。 52

有益的惯例、个性特征与行为

也许遵守社会规则与惯例之所以正确，真正的原因在于（继续我们对康德的回应，我们可以说），一致或近乎一致地遵守它们，总体上是有益的。这可以解释康德的绝对命令进路能够很好解释的那些例子，比如他拒斥撒谎这种自我挫败的惯例，并提倡尊重那些能控制自己生活的个人。这也可以解释为什么遵守一些尚未得到普遍遵守但很有可能被采用的有益惯例是正确的，比如不行贿，再比如回收利用。

与此类似，很可能正是因为普遍养成某种品格特征是有益的，这些品格特征才是符合美德的。这个想法呼应了戴尔·贾米森的想法，他提倡培养有益于当前和未来的人与其他生物的品格特征；也呼应了第三章的一些观点，那些观点涉及对未来世代的责任。

但是，我们不能从这些结论推断说，行为之所以是正确的，仅仅是因为它们的积极影响。有一个问题就是，我们通常不可能预见这些影响。那么是不是可以这样来看：行为之所以是正确的，是因为**可预见的**好影响超过了**可预见的**坏影响？在这种情况下，可预见的有利影响构成了实施这些行为的理由，尽管不利影响构成了反对实施这些行为的理由，但前一种理由比后一种理由更强。

然而，有可能会计算错误，也有可能对有什么影响持一些扭曲的观点。这意味着，在可以适用有益的惯例时，最好遵守这些惯例，而不是去违背这些惯例，尽管表面上看违背是有益的；这
53 也意味着，除非在一些例外情况下，最好坚持像有美德的人那样行事（比如要友善而不是残忍），而不是去追求藐视符合美德的行为带来的表面利益。但是，如果在有的情况下不存在相关的有益惯例，或者美德之路并不清晰，那么正是因为可预见的积极后果超过了可预见的消极后果，行为才是正确的。

这种立场可以称作对错问题上的“后果论”进路，因为在后果论进路看来，行为正确与否取决于行为、个性特征或惯例所造成的不同影响或后果。一种著名的后果论便是功利主义，它经常受到批评，因为无论是对人类还是非人类的生物，它都采用一种工具性的进路。然而，这是一种不公平的批评，因为功利主义者试图将幸福最大化，而且通常不仅要将人类的幸福最大化，还要将有感觉能力的非人类生物的幸福最大化。

但是，功利主义和这里所支持的后果论之间有一个重大的区别。对功利主义者来说，唯一的价值就是幸福，唯一的负价值就是不幸福。这种立场忽视了人类和有感觉能力的非人类的福

祉的其他所有维度，也完全忽视了没有感觉能力的生物的福祉。第二章关于价值讨论的意义很大程度上就在于告诉我们，内在价值远远不只是在幸福中才可以找到，关心价值的人会把人类和非人类生物（无论是当前的还是将来的）的福祉也考虑进去。所以，即便你反对功利主义，你也不应该拒绝这样一种更宽泛的后果论。

对后果论的各种不同批评都关注可预测性、意图和正义。其中第一种批评说，我们不能在伦理学中认为未来的影响至关重要，因为我们不可能预测行为在遥远将来的后果。但是，我们可以预测（行为、个性特征和惯例）可能会有的后果，也可以根据经验预测到可以预见的典型后果。正是因为我们能够做到这 54
一点，我们才能把未来世代的利益也考虑进去，就像第三章所主张的那样。

另外一种批评认为，后果论贬低了意图在伦理学中的作用，而故意行为和非故意行为之间的区分在伦理学上很重要。这确实是一个重要的区分，但是只有在评价品格、称赞和责备时才重要，在考虑行为是否正确时并不重要。因为无论是故意还是非故意，都可能做出错事，正如动机成问题也可能做出正确的事情一样。因此，后果论者可以承认意图的重要性，而又无须凭意图来判断对错。另外，如果我们有义务去做那些要是不做就不对的事情，那么我们也需要一种对义务的后果论式理解。

最后，我们要考虑一个貌似真实的问题，即后果论试图实现最佳后果，但是并不打算正义地分配利益。这个问题需要更充分的讨论，这里无法做到，但还是可以说一说。正义似乎依赖于基本需要的满足，而后果论者完全可以在各种价值中赋予基本需要相对于非基本需要以优先性，并赋予需要相对于单纯的偏好以优先性。这样，后果论者就通过寻求优先满足需要尤其是基本需要的政策和程序，从而给予了正义和公平应有的重视。

我并不是在建议环境伦理学家必须是后果论者。拥护其他观点的人（契约论者、美德伦理学家和道义论者）也可以在环境伦理学中做出很好的研究，正如生物中心主义者、生态中心主义者和人类中心主义者都可以做出很好的研究一样。有些最好的研究是由实用主义者做出的，他们有时候完全拒绝就对错问题持有任何理论。但是，当问题涉及哪一种进路更连贯、最富成
55 效、最能满足未来世代的需要时，答案似乎就是与一种宽泛的价值理论（我在这里和其他地方都提到过这种价值理论）相结合的后果论。

何种价值理论？

有的进路认为，只有人类的福祉才有价值，其他任何东西都没有价值。一个例子就是1992年的《里约可持续发展宣言》，该宣言认为人类的利益是可持续发展的核心，因为里约会议的各方无法就其他任何观点达成一致。（里约会议的召开源于1987年的《布伦特兰报告》，这份报告有几个地方似乎承认非人类物种及其福祉也具有内在价值，但是《里约宣言》没有承认。）不过，对于处理可持续发展、资源、人口乃至生物多样性保护这些世界性问题，我们是可以做出有价值的贡献的，这份宣言就是一个典范。

然而，不能把非人类的利益考虑进去的进路具有严重的局限性。本章第二节讨论的契约论的局限性就是一个例子。这样

的理论没有考虑有感觉能力的生物的视角，也没有考虑其他物种的利益。但是，这意味着他们倾向于忽视捕鲸、工厂化养殖、象牙贸易以及危及珊瑚礁的海洋酸化这样的问题。确实，所有这些活动与做法全都可以基于广义上的人类利益而被批评，但是人类中心主义进路不太可能充分地认真对待这些问题。这意味着，如果坚持一种更宽泛的价值理论，那么与契约论或其他人类中心主义理论相比，环境问题可以得到更好的处理。

让我们再回顾一下第二章提到的几种立场。更宽泛的理论包括感觉主义、生物中心主义和生态中心主义。这些立场中的任何一种都可以和后果论相结合，这样，就可以把更宽泛的价值 56
和反面价值都考虑进去。

彼得·辛格将后果论与一种感觉主义价值理论结合起来，这种价值理论把人类和其他有感觉能力的存在者的福祉都考虑进去，但它之所以关心其他生物，只是由于它们为有感觉的生物提供栖息地、生计或其他利益。辛格的研究已经发挥了很重大的作用，让我们注意到工厂化养殖的恐怖。但是，这种进路在保护生物系统比如珊瑚礁的问题上能力有限。诚然，生活在那里的鱼和甲壳类动物可能有感觉能力，而且它们的利益很重要，就像人类在这些环境上的审美利益很重要一样。然而，很难相信唯有这些利益才重要。

同样，也很难相信，当一片林地受到威胁时，唯一有道德地位的存在者就是生活在那里的动物和鸟类，而不包括树木、真菌和无脊椎动物。如果这些东西也有道德地位，那么就需要一种比感觉主义更宽泛的价值理论。

这把我们带向了生物中心主义和生态中心主义。二者的主要区别在于，生态中心主义不仅把道德地位赋予生物，还将它赋予生态系统和物种（在某些版本的生态中心主义那里，只有生态系统和物种被赋予道德地位）。但是，一种伦理体系如果建立在生态系统或整个生物圈的利益基础之上（正如奥尔多·利奥波德所建议的那样），而不是建立在个人的利益基础之上，它就不能维护一些规则，比如遵守诺言和勿杀人——像罗斯这样的道义论者不无道理地认为这些规则在伦理学上至关重要。因此，一种合理的伦理学至少应该承认有生命的个体的道德地位。

但是，或许这样一种伦理学应该既关注个体也关注生态系
57 统。确实，许多个体的利益都依赖于他们在其中得以繁盛的生态系统的完整性。但是，如果除了个体的利益以外，生态系统的利益也应得到考虑，那就会出现三个问题。其一，因为生态系统在很大程度上是由有生命的个体构成的，所以这些个体就会被考虑两次。其二，生态系统不断改变，并没有明确的身份，因此生态系统的利益究竟何在并不清楚。其三，很多生态系统被人改变了（比如，变成了牧场、花园、公园等），这些东西的利益竟然要和个体生物的福祉一起得到考虑，这不合理。尽管这样的系统包含了价值，但这些价值依赖于其中的生物的福祉，也依赖于照料它们的人类的福祉。

生态中心主义者有时候建议把有生命的个体生物和物种都包括进去。但是，如果我们把物种视为抽象的概念，就没有理由把物种包括进来。把物种包括进来的理由在于，它们被看作由个体（当前的和未来的个体）构成的群体。但是，只要既考虑了当前生物的利益，也考虑了未来生物的利益，那么需要包括进去的一切东西都被考虑进去了。比如，我们现在可以看到为什么保护

稀有物种仅存的少数成员那么重要，因为该物种所有的未来成员能否存在都取决于它们（回顾一下第一章提到过的某个观点）。

这意味着，更为可取的应该是，一种承认一切生物（包括当前的和未来的）都有道德地位并承认其福祉具有内在价值的生物中心主义伦理学。但是，如果生物中心主义伦理学体系所支持的行为、个性特征和惯例能够促进生物中心主义所解释的那种价值，这种体系就更合理了。此处，彼得·辛格的一个主张变得重要起来。他主张，平等的利益具有平等的重要性，更大的利益（比如建立在更大能力基础上的利益）具有更大的重要性。这个主张和平等对待所有生物的利益（保罗·泰勒就这样建议） 58
相悖，而且它承认某些物种的利益比其他物种的利益更重要。不仅人类的利益比其他所有物种的利益都更重要（但也并非总是如此），而且还应该承认而不是否认，灵长类动物（比如猩猩）的利益也比昆虫类动物的利益更重要。

泰勒的进路所支持的规则，不是基于行为或不作为的影响，而是基于普遍的直觉。他将人类的基本正义原则延伸到物种间的冲突，要求我们尽量减少或纠正对其他生物的不正当伤害。但是，物种间的伦理不仅仅是要避免彻底的不公正。一种更具说服力的生物中心主义伦理将它所赞成的行为、规则、个性特征和惯例，建立在它们的可预见后果的基础之上。换句话说，它提倡的是生物中心主义后果论。

柯倍德的三角形和一些结论

柯倍德认为，环境伦理不同于传统的（人类中心主义的）人道主义，也不同于（感觉主义的）动物福利主义。这些立场构成了一个处于相互对立地位的等边三角形。但是，人类中心主义者和感觉主义者都可以为环境伦理学做出有价值的贡献，而且确实做出了有价值的贡献。另外，也远远不止三种可能的立场。我们已经看到，还有不同类型的生态中心主义和生物中心主义。因此，我们不应该仅仅把这种争论看作一种三方之争。毋宁说，环境伦理学是多种立场与声音之间的一场对话，它当然不构成一种立场。

还有人建议采取多元的观点，将这里提到的立场中的两种或更多种结合起来。结合几种不同的价值观（比如保护文化和保护自然）是一种很有益的进路。但是，试图把相互冲突的立场
59 结合在一起也可能会导致矛盾。

也有人建议将关于对错的理论放在一边，转而以实用主义方式聚焦问题。聚焦事实值得赞赏，而且各种理论通常能就解决办法达成一致（也许就像在处理气候变化问题上一样）。但是，试图完全忽视理论也有得出错误解决方案的危险，而这往往是由于只关注人类利益。

不同理论立场的拥护者可以在实践活动中进行合作，也可以讨论哪些个性特征和惯例符合美德。但是，如果他们有一个成熟的立场（比如这里所推荐的那种立场），并且能够捍卫和证成它，他们将更加清醒。这样的人知道他们在争取什么以及为
60 什么争取。有时候，他们甚至知道应该做些什么。

第五章

可持续性与环境保护

可持续发展

一种惯例或一个社会的可持续性，意味着它能无限期地得以实施或维系。早期提倡可持续社会形式的学者包括赫尔曼·达利等人，他们的主要观点就是，一定要认识到某些增长形式的局限性，包括生态的限度。这些增长形式包括生产的增长和人口的增长。另外，可持续的惯例既能够考虑当代人的需要，也能够考虑未来世代的需要。比如，可持续的林业会限制每年的森林砍伐数量，以便让林木充分再生，从而在无限的将来每年都可以有类似的砍伐量。因此，早期的环保主义者，包括达利主编的《走向稳态经济》一书中的作者，比如肯尼斯·E. 博尔丁和尼古拉斯·乔治斯库–罗金，都倾向于提倡可持续性。

我们不要以为凡是可持续的就是好的，更不要以为人们把一个东西叫作可持续的就总是对它持支持态度。不好的或值得质疑的惯例也可能是可持续的，比如奴隶制和卖淫。但是，如果

61 一种惯例总体而言给一代又一代人带来利益，比如可持续的林业与渔业，而且又遵循可持续性所要求的任何限制，那就会（而且以前确实）受到环保主义者的普遍欢迎，包括那些敦促人类量入为出的人。在这些情况下，也有理由反对把森林或鱼类仅仅当作资源，支持重要区域免受采伐，因而，哪怕对一种可持续的惯例也可以做出一些限制。然而，一种惯例的可持续性很快就会被看作一种至关重要的优点，而且这样的惯例可以被看作在促进一个可持续的世界。

发展是另一个问题，它习惯性地带有一种商业主义和侵犯自然的意味。但是，鉴于摆脱贫困、饥饿、疾病和类似不幸以及提升福祉这种独特意义上的发展很重要，世界环境与发展委员会——其主席是时任挪威首相格罗·哈莱姆·布伦特兰——发起的联合国《布伦特兰报告》（1987）也承认，需要在报告起草人所谓的“可持续发展”当中将可持续性与发展融合起来。如果一个社会正在参与克服这些不幸，提高生活质量，那它就是在发展。与此同时，布伦特兰将可持续发展定义为“既满足当前需要，又不损害未来世代满足自身需要的能力”的发展。1992年在里约举行的联合国地球问题国际首脑会议上，全世界都认可了《布伦特兰报告》中所说的可持续发展。

应该补充的是，《布伦特兰报告》所考虑的比刚才给出的定义可能会暗示更多。它既设想了经济需要，也设想了社会和生态需要，不仅赞成给未来世代留下满足其需要的选择，而且还赞成制定一些政策，以便使这些需要（从而也使人民的人权）的
62 满足更加可行。因此，它赞成采用可持续的农业、渔业和能源生产，重要的是，它赞成逐步稳定人口水平，以及保护物种和生态

系统。而且，它既基于人类中心主义又基于非人类中心主义而提出了这条理由。然而，赞成其建议的《里约宣言》（里约峰会的核心声明）毫不羞耻地将人类利益作为其核心关切。

由于里约会议上可持续发展得到了采纳，国家和公司都倾向于以符合自身利益的方式来解释这个概念，而这导致人们批评说，这个概念意味着一切照旧。但这个观点没有考虑到《布伦特兰报告》、《里约宣言》以及《气候变化框架公约》和《生物多样性公约》（该公约将生物多样性的内在价值写进了序言）在伦理上的激进性，它们试图在发展和环境可持续的问题上为人类找到一条应该遵循的伦理道路。随着历次会议审议这些问题，可持续发展的根本特征很快就体现在了联合国2000年和2015年商定的一系列目标当中。

与此同时，可持续发展受到了威尔弗雷德·贝克曼的批评。在贝克曼看来，可持续发展概念没有限制用人造的东西（比如建筑）替代自然的东西（比如树和矿石）（他因而称之为“弱可持续性”），所以它并没有偏离传统经济学，而且是空洞的。但是如果相反，它对这种替代设置严格的限制，例如要求我们保护包括甲壳虫在内的所有自然野生物种（他称之为“强可持续性”），那么他声称，它就是道德上令人反感的，因为用于保护环境的资源本来可以用来减少人类的贫困。作为回应，包括达利在内的可持续发展支持者坚持认为，可持续发展确实支持保护环境，因此限制了这种替代，但并不寻求保护每一个物种。减少 63
贫困的目标和保护物种的目标需要同时受到尊重（这是一种在理论上可以得到辩护的进路），如果可能的话就同时去追求这两个目标，比如，生态旅游就在促进环境保护的同时，又为生物多样性地区的人们提供了生计。

千年倡议

人们普遍认为，解决生态问题的可行办法要求我们把可持续的惯例纳入规划当中，而且如果要避免对未来世代的不公正，那些可行的解决办法就必须体现可持续发展。可持续的粮食生产和可持续的灌溉就是这种解决办法的例子。要是不这样，未来世代就有权抱怨他们先辈的疏忽。

但是，除了可持续的系统之外，还需要采取措施来克服贫困和森林滥伐这样的问题。在某些情况下，这些措施是引入可持续系统的先决条件。由于认识到了这一点，联合国发起了《千年生态系统评估》（2001—2005），国际社会也在2000年批准了要在2015年前实现的八项“千年发展目标”。在这八项目标中，第一项目标要求，到2015年将每天生活费用不足1.25美元的人口比例和忍饥挨饿的人口比例减少一半。我们应该认识到，在道德上除了必须把普及初级教育、促进两性平等、改善产妇保健、降低儿童死亡率，以及防治艾滋病毒 / 艾滋病和疟疾等疾病作为目标之外，也必须将这些作为目标。要提升福祉，也就是要求这些了。

剩下的目标就是“确保环境的可持续性”和“形成全球发展伙伴关系”。但是后一项目标（即第八项）对于发达国家在生态
64 问题上援助发展中国家只字不提，而前一项目标（即第七项）尽管鼓励将可持续发展原则纳入各国的政策和计划，但所选择的具体目标似乎并不高且不太全面。这些具体目标包括将无法持续获得安全饮用水和基本卫生设施的人口比例减半，并大幅度

改善至少一亿贫民窟居民的生活。然而，饮用水和卫生设施的获得以及贫民窟卫生状况的改善，对受到影响的人们的环境做出了重要贡献。（关于贫民窟居民的具体目标实际已经实现了。）

第七项目标下的其他具体目标是，通过各种方式来减缓生物多样性的丧失，包括降低被森林覆盖的土地的减损率，减少二氧化碳的排放（在本书最后一章讨论），减少使用会消耗臭氧层的化学品。一方面减少淡水资源使用比例，减少濒临灭绝物种的比例，增加陆地和海洋保护区；另一方面也要提高在安全生物限度内得到养护的鱼类资源比例。

这些都是很有益的目标，但即便实现了也不足以阻止生物多样性的丧失。（最近几十年来，非人类动物个体数量减少了50%。）不过，随着《基加利协定》（2016）对较早的《蒙特利尔议定书》（1987）的补充，已经实现了对消耗臭氧层的化学物质的限制，这防止了皮肤癌的大量增加。如果对二氧化碳排放的限制也实现了，这将大大提高地球的环境可持续性，也将减缓生物多样性的丧失。

人们普遍认为，“千年发展目标”对受影响最大者的参与强调得不够（尽管1986年的联合国《发展权利宣言》强调了参与）。比如，世界上最穷的人有很多都是农民，但是“千年发展目标”并没有专门提到农业，更别说食品主权了（“整个食品链条”都由国家控制），本地社群和跨国农民组织“农民之路”都在争取食品主权。与此同时，《千年生态系统评估》评估了生态系统变化对人类福祉的影响，采用了一种人类中心主义的立场和一种“生态系统服务”的进路，也申明了食品安全（尽管不是食品主权）的必要性。

普遍承认的具体目标的引入，似乎已经将注意力集中于健康（包括环境的健康）以及相关的问题，似乎也强化了发达国家对减少贫困的承诺。将每天生活费不足1.25美元的人口减半的“千年发展目标”已经实现，不过，儿童和产妇死亡率、卫生、教育和制止森林滥伐方面的目标尽管取得了重大进展，但仍未实现。与此同时，全球食品安全记录仍然参差不齐，变化不定。

可持续发展目标

鉴于“千年发展目标”的实现进展不平衡，也鉴于其内容所面临的批评，哥伦比亚在2011年建议以“可持续发展目标”取代“千年发展目标”。联合国秘书长（潘基文）在2012年设立了一个特别工作组，旨在为2015年“千年发展目标”到期后的时期制定全球性的目标。这些目标要体现可持续发展的所有三个维度，即环境维度、经济维度和社会维度，还要体现其相互联系。这一进程导致2015年一致同意采用目前的“可持续发展目标”。

联合国大会通过的议程标题是“改变我们的世界：2030年
66 可持续发展议程”。选定的目标不仅试图解决全球问题，而且还试图解决其根源。因此，第一个目标就是，在一定程度上通过减少两性不平等（人们已经认识到，两性不平等会让贫困永远存在）来消除全世界范围内的贫困。第二个目标是，通过关注农业和营养的改善来消除饥饿。

十七个目标中有好几个涉及环境的可持续性。因此，关于健康的目标包含了这样一个具体目标，即减少与污染有关的疾病——包括由沙尘暴、烟雾及碳排放造成的肺部疾病——造成的死亡和疾病。人人享有清洁饮用水和卫生设施这一目标可以改善数百万人的环境，人们普遍认为，如果要实现任何其他目标，这一目标都是必不可少的，但这需要大量的国际资金。一个相关的目标是使城市和社区可持续发展，这一目标可以带来更洁净的空气、城市绿化和更多的废物回收。同样，“负责任的消费和生产”这一目标要求努力使消费和生产都可持续。

其他目标与环境问题的关系更为密切。气候行动的目标要求努力控制排放和促进可再生能源（见图4）以便应对气候变化，因而这个目标与价格合理的清洁能源这一目标相联系，后者要求所有人都能获得“价格合理的、可持续的、现代化”能源。（这到底意味着包括了核能还是排除了核能呢？该议程对此只字未提。但很明显，在发展中国家引进可再生能源系统需要大量的国际资金。）

图4 加利福尼亚棕榈泉圣戈尔戈尼奥帕斯风电场：一个可再生能源的关键来源——让沙漠绽放

关于“水下生命”的目标是“保护并可持续地利用海洋和海洋资源，以实现可持续发展”，至于这究竟纯粹是为了人类的利益还是为了海洋生物的利益，并不清楚，尽管有一点提到了“海洋的健康”。不过，关于“地上生命”的目标则试图以更有益的方式寻求“保护、恢复和促进陆地生态系统的可持续利用，可持续地管理森林，防治沙漠化和阻止生物多样性丧失”。因为这些次级目标要求保护生态系统和物种，无论是为了人类的利益，还是为了非人类的生物，或者像看上去可能具有的意图一样，为了两者。

一些批评人士认为，“可持续发展目标”下的169个具体目标使得它们太庞大了，而且不便于记忆。但是，这个问题可以通过以恰当的方式呈现17个核心目标来克服。另一种批评是，这些目标共同要求全球生产增长，而这将破坏它们的生态目标。诚然，这些目标要求增加发电量，以满足目前尚未满足的人类需求。然而，可再生能源发电量的增加无须破坏物种或生态系统，如果用它们来取代采矿和挖掘，将有助于把碳基燃料留在地下。
68 虽然某些目标的实现可能与其他目标的实现相冲突，但（比如说）所有具体的生态目标都将因其他具体目标的成功而受到破坏的风险似乎很小。

当然，一种惯例只有在不破坏其他具有潜在可持续性的惯例时才能被认为是可持续的。比如，如果原本具有可持续性的农业严重破坏了野生动物的栖息地，进而影响了未来野生动物的保护，那就说明它终究是不可持续的。农业政策制定者需要牢记这个问题，但不能预先假定他们会失败。

各方应牢记的一项重要原则是预防原则，该原则主张，甚至在达成科学共识之前，就要采取行动来防止一些后果，如果有理由预料到那些后果具有严重的或不可逆转的损害的话。在这些情况下，等待科学共识就意味着允许可以预防的灾难发生。这一原则显然与第四章提出的后果论伦理学进路相一致。该原则的一个版本包含在了1992年的《里约宣言》当中。根据《里约宣言》，没有达成科学共识不能成为不采取行动的理由。但该宣言也隐含地承认，其他理由比如成本可以作为不采取行动的理由。如果这一原则得到遵守，就必须拒绝会严重破坏野生动物栖息地的政策。如果这一原则早一点在国际上得到承认，一些实际的灾难（例如给孕妇开沙利度胺片）是可以避免的。

显然，尽管在巴黎（2015）和基加利（2016）我们已经在某些“可持续发展目标”方面取得了进展，但一些（或许很多）目标到2030年可能仍然无法实现。为了实现这些目标，每年需要数万亿美元，然而，即便是联合国制定的将国内生产总值（GDP）的0.7%用于对外援助的目标，也没有多少国家达到。

此外，某些目标可能被认为定得不够有雄心。每天1.25美元的收入继续被当作绝对贫困的门槛，许多人认为这一门槛太低了。因此人们担心，实现第一个目标并不能解决贫困问题，而人们普遍认为，贫困问题的解决总体而言是解决全球问题的先决条件。然而，就总体目标和具体目标达成国际协议，与没有达成协议相比，可能会激发出更多的努力和承诺。采纳这些特定目标可以预见是有益的，因此值得欢迎，尽管还存在着各种问题。

与此同时，正在进行的“‘全球目标’运动”培养了个人的参与精神。现在有越来越多的机会获得积极全球公民身份，而参与这一事业正是获得积极全球公民身份的一个机会。那些视自己为全球公民的人承认世界各地人民的权利，也承认他们自己的责任跨越了国界。这些责任包括参与解决环境问题，而许多环境问题跨越了边界（也跨越了物种的界线）。即使其他问题不需要全球公民身份，环境问题的全球性和系统性也使得完全有理由要求一种全球公民身份。

生态保护

有些读者虽然承认，“可持续发展目标”消除贫困和饥饿是有必要的，但对于保护生物多样性的目标，他们更为犹豫不决，即便他们接受一些环境目标，比如限制碳排放，或者用可再生能源发电取代化石燃料发电。因此，值得反思的是，是什么使生物多样性丧失成为一个全球性问题，以及应该采取什么样的保护
70 措施。

很多时候，保护的理由大多都是基于历史地标或人工制品的象征价值（想想贝叶挂毯），类似的理由也适用于重要化石的保护，如始祖鸟。但是，保护有生命的物种、亚物种和它们赖以生存的栖息地的理由，并不是以同样的方式依赖于人类的审美反应，或依赖于历史兴趣或科学兴趣，即便对自然界的好奇是一个至关重要的动机，即便让未来世代永远都有机会分享这种感受和反应本身构成了生态保护的理由之一。

首先应该说一说生物多样性丧失的程度和规模。生物多样性（动物、植物和其他生物）丧失得太严重了，以至于丧失的速度已经超过了进化过程本身所包含的多元化速度。世界上的物种估计总共有900万，其中大约四分之一的物种在未来三十年面

临灭绝的危险。由于已经发现的物种还不到200万,所以许多物种很可能还没有被我们注意到或发现就消失了。在湿地、河口、珊瑚礁和雨林等物种最为多样的脆弱地区,生物多样性的丧失尤为显著。与此同时,森林滥伐可能正在影响全球气候,从而加速全球气候变化,这影响到每一种生物。

诚然,“物种”的定义还存在很多问题,但科学家们认为这些问题是可以解决的。根据一种定义,物种是这样一个群体,其成员能够相互繁殖,并产生具有生育能力的后代。虽然这一定义不适用于无性繁殖的物种,结果只提供了成为一个物种的充分条件而不是必要条件,但它足以证明物种不仅仅是主观的构造,而是物种形成的进化过程中独特的客观单位。 71

然而,物种的灭绝速度正在加快,可能有100万个物种已经灭绝。与此相关的是,任何物种的灭绝都意味着我们失去了该物种后代所承载的价值,而这些后代的生命还未出现就被预先终止了。综上所述,所有这些都表明物种减少是一个全球性问题,即使不考虑人类从物种保护中所得到的利益。

然而,应该进一步考虑为什么要防止物种减少。有的思想家认为,之所以要保护生物多样性,是为了人类的审美价值。有时候又有人说,保护生物多样性的理由在于物种的象征价值,比如鹰被认为象征着美国的价值观;而还有些人则认为,保护的理由还包括,人们想欣赏各种各样的物种,就像生态旅游者所体验的那样。但这些理由充其量只能证明本地化保存物种是合理的,而且容易随着人类喜好的变化而波动。

一个更令人印象深刻的论证把生物界比作一个基因库,把森林滥伐比作烧毁一个其藏书尚未被人阅读的图书馆。这个论证在一定程度上基于科学研究的价值，以及科学研究对人类的理解和繁荣的增进作用。

这也是一个基于物种用途的论证，而这些用途普遍都源自对野生物种的研究。因此，作物歉收有时候可以通过发现能抑制捕食者的基因来解决，这种基因由食用植物的野生近亲携带，比如在面临毁灭的墨西哥森林里发现了野生玉米品种（《布伦特兰报告》中提到过），这个品种被证明对世界玉米生产至关重要。

此外，在热带雨林的植物或其他生物中发现了很多药品，因此有充分的理由保护这些生态系统，包括濒危物种，以便继续寻找进一步的治病良方。这是一个不太明显的归纳论证，从经常发现药品推导出有可能进一步发现药品，如果这些可能性没有被排除的话。这也是那些以自然系统为人类提供“生态系统服务”为基础来为生态保护进行论证的典范。

另一个论证涉及人类对非人类大自然的依赖。安妮和保罗·埃利希（1994：335）曾将野生种群和物种比作固定飞机的铆钉。许多铆钉就算被拆除了，飞机也不会变得不安全，但指望一架经常被拆除铆钉的飞机是不明智的。类比不是论证，但是人类对自然的多重依赖表明，这种特殊的类比支持明智的保护政策。我们可以从众多例子中选取一个。詹姆斯·洛夫洛克发现了河口和大陆架的细菌产生的二甲基硫化物（它调节着海洋中硫的比例）和甲基碘化物（它调节着碘的比例）。包括人类在内的无数生物都依赖于这些调节物质的不断生成。

这表明，人类干预大陆架和河口生物群会有很多危险（无论是否赞同洛夫洛克关于整个地球的各种理论，我们都可以认识到这些危险）。事实证明，森林对于调节降雨、吸收碳和保持大气氧气水平（这些作用被称为“生态系统服务”）也至关重要。大多数生物都依赖于这样的地球系统的完整性。因此，当前这个论证不仅基于人类的利益，而且也基于大部分生物的利益。

这些基于生物（无论是现在的还是未来的生物）自身福祉的内在价值所做的补充论证，有助于解释为什么生物多样性丧失是一个重大的全球性问题，以及为什么生物多样性的保护需要纳入“可持续发展目标”。这并不意味着不存在任何与环境 73
保护的性质和范围有关的问题，下一节将讨论这些问题。但这确实表明，保护自然系统和雨林、珊瑚礁这样的重要栖息地至关重要，任何可持续的发展计划都应该对此加以考虑，无论是仅仅出于人类的利益还是（像前几章所提倡的那样）出于更广泛的利益。

环境保护的形式与局限

《生物多样性公约》是在1992年里约会议上发起的（我们已经看到），2010年在日本名古屋就基因多样性、基因资源管理和退化生态系统恢复（如墨西哥的科罗拉多三角洲）达成的一项协议进一步推动了该公约。当时，发达国家还达成了一项协议，即扩大资金资助发展中国家生物多样性“热点”领域的生物多样性保护。随后与“水下生命”和“地上生命”有关的“可持续发展目标”是对名古屋条款的认可（有着众多的签署国）。

但是，正如约翰·帕斯莫尔曾经说过的，并不是所有的东西都可以保护，因此环境保护必须是有选择性的。虽然有时候要把一个生态系统恢复到人类干预之前的状态是可行的，但这一目标通常是无法实现的，部分原因在于，人类的干预已经产生了新的生态系统，这些生态系统中有的物种依赖于家养动物（比如绵羊）的放牧；还有部分原因在于，生态系统从来不是静态的，而是不断处于变化的状态。因此，要将夏威夷的森林恢复到前欧洲时代或前波利尼西亚时代是行不通的。虽然可以让某些特殊物种回到它们历史上的栖息地（例如苏格兰的海鹰和威尔士的红鸢），但是，要消除人类居住区的影响，并使这些地方恢复到
74 最后一个冰河期结束时的状态，这即便可欲也不可行。

生态恢复的批评者还声称，如果目标是促进生物多样性，那么就生物多样性而言，人类改造过的地区往往至少与前人类时期那个地方的生态系统是一样的。虽然这有时是正确的，但并不总是不采取行动的决定性理由。一些公园、花园和植物园的生物多样性状态通常使得保持其现状（如果可能的话）是合理的，而不是要回到想象的过去状态。但是，如果目前的生物多样性源于物种的引进（如英格兰的水貂、苏格兰的杜鹃花、非洲的桉树和澳大利亚的荆棘），而这些引进的物种又威胁到以前就存在的物种的生存，那么最好还是移除它们以确保长期的生物多样性。

并不是所有外来物种都应该根除；比如，引入英国的兔子和马栗已经在文化上扎根，根除它们就没有意义。但是有时候，如果要让未来世代体验传统的生态系统，要让传统生态系统所包含的物种全部保存下来，并有其自己的未来世代，那就必须移除外来的侵袭性物种（比如非洲的桉树和美国的蛇头鱼，它们往往会破坏本地生态系统里的生物）。在这种情况下，这些具有系统相关性的未来世代的利益压倒了侵袭性和破坏性物种的未来世

代的利益。

如果是人类的开采或战争导致了森林被毁，那么恢复森林也可以得到证成。比如，埃塞俄比亚北部和中部由于内战已经失去了大多数的林木植被。在海地，森林滥伐是由于对土地采取压榨式的耕作。这些国家在受影响的地区重新造林的努力应该得到赞扬，无论新的林地是否与过去的非常相似。

不应该忘记的是，森林滥伐的主要原因之一就是战争（通常是内战），另一个就是农业或采矿业（比如持续影响哥伦比亚大部分地区的非法采金）导致的开发。战争是对自然系统的最大威胁之一。要想保护世界上剩余的森林，就必须尤其注意解决冲突并减少压榨式的森林砍伐（就像恢复哥斯达黎加云雾森林时所做的那样）。要把它们"再野生化"以便扭转人类的影响，这几乎是行不通的，但是让它们从美丽风景上比较严重的伤疤中恢复过来，这往往就更容易实现，也值得实现。 75

其他批评生态恢复的人士则力劝我们接受他们所谓的"新型生态系统"：受到过人类干预的影响，但目前要是没有人类的进一步干预也可以自我维系的区域。不过，这个概念难以评价，因为几乎所有受到过人类干预影响的区域（除了南北极的冰盖以外）都继续在由人类管理，要不就是继续在受人类影响。

我们不得不承认，整个生态系统都受到了人类的影响，从大部分亚马逊雨林（很久以来就受到人类的影响，但很值得保护），到工业化城市、待开发的城市用地和废弃的运河。尽管这些东西不可能恢复到前人类的状态，但很多都可以得到改善，城市由此可以有更多的绿地和城市农业，改善后的水道可以再补充一些水生野生动物。

这样一些地方并不符合新型生态系统概念，但也可以服务于环保主义者的目标，即重新引入一些生态系统，那些生态系统可以因为人类管理、自然过程和人类的节制而蓬勃发展。因此，之前提到的一个观点，即生态保护必须作为可持续发展政策的
76 中心，得到了充分的证明。

第六章

社会运动与政治运动

深生态学

社会运动和政治运动对环境伦理学做出了巨大贡献。其中有的贡献已经在这里做了简要介绍。虽然第一章已经提到了深生态学，但还是有必要回过头来，将它与生态女性主义等其他运动进行比较。人们经常将生态女性主义与深生态学相对照，尽管它们也有联合起来的可能。本章还将讨论社会生态学、环境正义运动和绿色政治运动。

深生态学以一种值得赞赏的方式强调，环境问题是一个长期的全球性问题，也是一个涉及不同物种的问题。挪威哲学家阿恩·奈斯是深生态学最著名的支持者，他已经提出了他所谓的“深生态学纲领”。正如我们在第一章所看到的那样，这个纲领既支持物种内部的平等，也支持物种之间的平等；既支持生命形式的多样性，也支持文化的多样性；拒绝一切形式的压榨，并支持对防止污染和资源枯竭的斗争做出尽可能宽泛的解释。此外，它还要造就各种工作都得到尊重并相互结合的人类社会。这一运动找到了很多追随者，尤其是在澳大利亚和美国。事实证明，它也对詹姆斯·洛夫洛克的盖亚理论的支持者很有吸引力，对他们来说，地球是一个可以自我调节且相互联系的系统。
77 但是深生态学提倡在任何地方都要捍卫大自然，而不仅是洛夫洛克认为特别脆弱的雨林、河口和大陆架，并劝告我们让它们保持完好无损。

深生态学的价值理论建立在自我实现的基础上，在奈斯看来，这要求我们认同其他有生命的存在者。他声称，我们的身份已经把与我们有关系的任何东西（无论是人类还是其他物种）都包括进去了；实现我们的真实自我，要求扩展我们所认为的个人利益，并将之与其他存在者的利益相融合，无论这些利益有多么不同，同时还要做出相应的反应来捍卫这些利益。就伦理学而言，深生态学建议，一旦实现了这种认同，就不再需要更多的伦理或伦理反思了。

然而，很多人对于捍卫其他人、其他物种以及像河流和山脉这样的生态系统有一种伦理关怀，却并不认同它们。不把别人看作一个更大的自我（我们只是这个更大自我的一部分），这完全有可能。我们能够尊重他人，尊重重要的地方，正是因为我们有独特的身份。正是我们自己的独特性使得我们的伦理信念能够发挥作用。奈斯所强调的那种动机可能很重要，它为那些追随奈斯的人提供了至关重要的富于想象的可能性。但是，其他动机即便不是基于自我防卫，而是基于对其他生物、风景、环境的尊重和爱，也可能同样重要，而且可以支持一种伦理学，那种伦理学可以权衡不同的、有时候相互冲突的关怀与优先事项，比如当前利益与未来利益，或者不同物种的利益。

其他问题源自深生态学的一个强烈愿望，即减少人口，不过这个话题已经在第一章讨论过了。这里可以补充的就是，第四章所讨论的那种伦理反思（深生态学由于主张认同的充分性，因而隐含地阻止这种伦理反思）非常重要，无论是对于人类未来的塑造而言，还是对于地球的健康而言。伦理反思的艰苦工作不应被忽视，尽管扩大认同的理由可能通常很有吸引力。因此，深生态学不应被看作环境伦理学中的最终结论，即便它打开了很多人的眼界，让他们看到了环境问题，也看到了当地和全球的各种社会可能性。 78

生态女性主义

早在1974年，弗朗索瓦丝·德欧博讷就造了"生态女性主义"这个词，用来指代围绕着女性主义和环境思想的交叉融合而进行的反思与行动。在早期，生态女性主义发展了西蒙娜·德·波伏娃等人的见解。波伏娃以前就主张过，父权制（或男性支配的）体系将女性和自然都视作"他者"。卡伦·沃伦将这些见解进一步发展，她强调，男女之间的压榨关系同人与自然之间的压榨关系是有联系的。她声称，这些都是紧密联系的压迫形式，如果不给予他者适当的注意，这两种压迫都不能消除。尽管生态女性主义还提出了其他一些重要的问题，但这是它最初强调的核心问题。

还有人指出，有多种形式的压迫与支配，包括种族主义、阶层主义、对工人的压榨，还有对宗教和性少数群体的迫害，以及性别歧视和人对自然的支配。公平在这里可能意味着，一旦出现了这些问题就应该处理，如果有必要还要同时处理。生态女性主义者（以及深生态学家）不会反对这一点，但是生态女性主义者声称，压迫自然和压迫女性在历史上具有密切的联系，她们还经常谴责深生态学家，说他们批评前一种压迫，却对后一种压
79 迫保持相对沉默。

这种联系也得到了卡罗琳·麦茜特的肯定，她对比了前现代对“地球母亲”的尊重态度与现代早期及随后对探索自然秘密（通过采矿与试验）和活体解剖做法（同样是以科学研究为名）的提倡。无论这些历史性的态度变化是否证明了对女性的态度和对自然的态度之间存在着一种概念上的联系，或者相反，只是反映出一种持续不断的隐喻（就像“考验大自然”这样的说法一样）以用来证成各种不同且通常是压榨性的惯例，都有人认为，历史上的这些联系要求把压榨自然和压榨女性放在一起来考虑与处理。

但是，这两种形式的压迫似乎并不是在每一个社会都同时出现。哲学家沃尔金内·柯尔贝萨说，在他自己的社会（埃塞俄比亚的奥罗莫人），虽然女性经常受到压迫，但自然和野生动物则不然。这表明，这些压迫形式之间的联系充其量仅存在于特定的社会与时代。然而，即便在西方社会，也完全可以证明这并不普遍。在西方社会，女性经常在猎捕狐狸和其他血腥运动等压迫性做法中扮演着重要角色，因而也属于自然的压迫者，而不是和自然同属于压迫的受害者。

西方对自然的态度也并非一律都是压迫。尽管很多人（男女都有）都消费工厂化养殖场的产品，但也有很多人反对这种做法，而且还有很多人奋力保护野生动物。因此，关于压迫的说法

不应该一刀切。尽管各种各样的系统性压榨（包括对女性的压榨）都应该加以质疑，但是在压榨自然和压榨女性之间，似乎并不存在某些生态女性主义者所声称的那种很强的系统性关联。

不过，生态女性主义者在诊断这些类型的压榨时，对以前的许多想法（尤其是关于环境的想法）提出了有价值的修正。比如，他们批评了对二元论的过分强调，也批评了一种思维方式， 80
在这种思维方式下，一对表面上看似相反的东西被看作相互排斥且相互冲突。因此，男性和女性通常被当作相反的两极，自然和文化也是这样，就好像这些范畴没有任何共同之处一样。同样的两极对立也被认为存在于理性和情感之间，理性与男性气概相联系从而相应地就被抬高，情感则与女性气质相联系从而相应地就被贬低。包括沃伦在内的生态女性主义者对这样的二元论思维提出了挑战，而且还提出了不同的进路，试图改进这种思维，尤其是在伦理学领域。

对于生态女性主义对极化思维的驳斥，有很多话可说。当工作类型被刻板地说成男性的工作或女性的工作时，女性主义者就表示抗议（这种抗议是正确的）。而且，把自然和文化对立起来的态度会产生一些严重的误解，比如，一方面，城市人歧视农村生活，另一方面，人们又认为只有未受影响的荒野及其生物才有价值。（有些人甚至谴责生态恢复及其结果，认为这是有缺陷的，而且具有欺骗性，仅仅因为它们依赖于人的努力。）然而，人类主要是通过农耕和园艺与自然打交道，这两种形式都属于文化的一部分，如果拒绝承认它们都依赖于自然和自然过程，就会挫败这两种活动，也会减弱我们自己的感受力。

生态女性主义者也强调同情这样的情感的作用（这一点很

重要），谴责对理性的过分强调，尤其是在伦理学中。瓦尔·普卢姆伍德正确地强调了情感感知的重要性，特别是在与动物的关系中，还说明了为什么仅仅依赖理性和原则（康德伦理学就是这样）无法激发我们去履行理智所认可的责任，而且会产生不必要的自我分裂。与此同时，她还批评了对自己以外的一切东西
81 都持工具主义和利己主义态度的做法，认为这样不利于和自然界之间保持一种感知关系，而这种感知关系对于保护自然界来说是必需的。

与此类似，玛丽·米奇利也批评了一种原子式个人主义，这种个人主义忽视了我们在婴儿期和儿童期对他人的完全依赖，也忽视了我们作为成年人关心他人的意愿，而且还使得社会成为一种契约，立约者是一些很理性但情感发育迟缓且老想着自己利益的个人。（这一批评在塞拉·本哈比对罗尔斯契约论的批判中得到了响应，见第四章。）

不过，鉴于类似于此的批评，有人提倡一种关怀伦理，它正确地强调我们应该学会在人际关系中相互关心。这样一种伦理最适合于共同体中的角色，在那里，责任是相互的。但是，我们的很多责任都不是相互的（考虑对遥远未来人的责任时我们已经看到这一点），尽管仍然是有效而重要的，而且远远超出了实际的或可能存在的关系。另外，涉及关怀的那些道德领域往往并不会延伸到更远的领域，比如公平、正义和平等的领域。因此，关怀伦理是有限度的，尽管它往往很重要，如果要给予下一个世纪的人恰当的关注和重视，就需要一种更宽泛的伦理。

然而，生态女性主义对极化思维和原子式个人主义的批判，构成了对哲学的一个重要贡献。它使我们摆脱了对社会所做的

个人主义理解和契约论理解，有助于我们认识到一些态度和情感，这些态度和情感使得许多美德成为可能，却很容易被男权思维所忽视或压制。它不赞成深生态学，却有助于解释深生态学家试图灌输的认同其他生物的意愿。值得肯定的是，它承认我们是有血有肉的，而且是嵌入社会之中的。不过，我们也不要急
于把所有女性都看作压迫的受害者。同时，我们也不要低估了 82
女性影响和改变地球未来的能力。

社会生态学

社会生态学运动由社会学家默里·布克金发起，他认为生态问题和其他问题一样，本质上都是一个社会问题。事实上，完全有理由认为，以压迫的方式对待自然，是长期摧残人类的支配性等级制的延伸，比如一个阶级对另一个阶级的压迫，或基于肤色或性别的歧视。布克金的矫正措施就在于，促进各个层次的民主决策和参与。很多人都会发现，对于社会问题和经济问题，以及某些环境问题，比如汽车尾气的排放，以及空气、河流与海洋的污染，这条建议是一种很合适的解决办法。

不过，值得怀疑的是，这种根本上属于人道主义的进路是否能够解决压榨动物的问题，因为针对农场化养殖和动物实验的遭遇，动物没有能力表达反对的声音。如果它能解决压榨动物的问题，彼得·辛格领导的“动物解放”运动，或者汤姆·雷根对动物权利的提倡，几乎就没有多少必要或完全没有必要了。人类可能已经在为自身利益而试图维护“生态系统服务”或减少肉类消费了，但是如果并不关心非人类的利益，那么保护自然界、野生物种及其栖息地的努力很可能被证明是不够的。

布克金还建议，人类应该通过系统的基因工程来掌控进化过程。从这一点来看，危险就更加明显了。（人类世的提出——
83 第一章已经提到——就回应了这种建议。）尽管选择性的基因工程可能有一定的作用（只要与预防原则相一致），比如，可以避免营养不良或饥荒，但是，人类要想对生物学有足够的理解，以至于能够在总体上掌控进化过程，就必须对生物学有更多的理解，也要对作为基因工程对象的物种的利益有更多的理解，而在可预见的将来，这是不可能做到的。如果认为这是可能的，那就相当于提倡支配自然，这既危险又傲慢，就像启蒙运动思想家第一次提出它时一样。

环境正义运动

环境正义运动指的是一场反对歧视弱势群体的运动，比如在放射性暴露的问题上，以及在有毒物质或其他废弃“设施”如何选址的问题上，都可能存在歧视。这样的例子包括，亚利桑那州纳瓦霍的土地因铀矿开采而受到污染，而纳瓦霍矿工在那里的放射性暴露程度远远超过可允许的限度。再比如，计划中的新墨西哥州尤卡山高放射性核废料处理场对肖肖内和帕尤特圣地构成威胁，直到2012年该项目才被取消。

早些时候，在北卡罗来纳州，沃伦县的公民（其中大多数是非裔美国人）抗议在他们的社区选址多氯联苯垃圾场，但并未取得成功。这一抗议活动开启了环境正义运动，并引发了基督教联合会种族正义委员会（1987）的一项研究，该研究揭示，危险废弃物处置地往往都位于少数民族人口众多的地区。

这些惯例事实上不仅仅局限于美国，而且在国际上也很常

见。西方国家的公司经常在位于西非的处置地倾倒有毒物质，把充满重金属和其他有害物质的电子废物出口到印度、非洲、孟 84
加拉国和中国。在这样的处置地，监管松弛，往往允许儿童冒着极大的个人风险用危险的做法去回收可以卖钱的东西（如马里恩·霍德奎因所述）。从费城向几内亚和海地倾倒含二噁英的工业废料（1987），从意大利向尼日利亚倾倒受多氯联苯污染的化学废物（1988），当这些做法也被记录在案时，这种惯例完全配得上詹姆斯·斯特巴给它贴上的标签：“环境种族主义”。

环境正义运动反对不公平地分配污染这样的环境伤害，也反对不恰当的程序，比如在有的地方，人们在影响到自己和当地的决策中没有发言权。（这些问题分别是实质正义和程序正义问题。）为此，斯特巴提出了一条“程序正义原则”，根据这条原则，“每个人尤其是少数民族应该参与选择影响到他们的环境政策”。

但除了程序正义之外，还有承认的问题，例如少数民族由于文化支配的模式和不尊重而实际上被忽视，尽管程序正义的规定试图把他们包括进去。承认和实质正义、程序正义一样，是一个世界性问题，需要认真对待。另外，在共同体层面也可能缺乏承认，比如，当食品不安全由于跨国公司政策带来的意外影响而损害了农民共同体时。

正如柯尔贝萨所指出，非洲的环境不正义不仅仅局限于向西非海岸倾倒有毒废物。装满有毒废物的集装箱被扔在索马里东部海岸线，其长度长达四百多英里，当时索马里还没有政府来反对。后来，2004年苏门答腊海啸的巨浪冲开了其中的许多集装箱，里面的废物（包括放射性物质和重金属）漂散在周围 85

地区，造成受害者过早死亡，可能还造成了当地癌症患者剧增。这些危害将会持续下去，直到最近成立的政府能够采取预防措施为止。这个可怕的故事是实质正义、程序正义和承认问题的典范。

因此，环境正义运动事实上具有世界性的影响（博帕尔灾难可以证明这一点，石油泄漏的全球蔓延也可以证明这一点），而且在当代人中间提出了很重要的正义问题，这些问题既需要分配原则、程序原则和承认原则，也需要补偿原则。这些问题（包括补偿问题）的解决所需要的原则与惯例是否可以纳入第四章所建议的那种后果论框架，这要由读者来判断，而且在这里必须搁置一边。不过，必须明确的是，在评估这些矫正措施时必须把它们的总体影响考虑进去。

更直接的问题涉及这场运动与环境伦理学及其范围的关系。一种回答是，在考虑当代正义问题时，一定不要忘记这场运动的真知灼见，尽管对于国际关系这样的当代人际关系问题它几乎没有什么可说的。另一个回答是，代际正义和代内正义都很重要（见第三章）。这一点在1991年第一届全国有色人种环境领导峰会通过的原则中得到了承认，很多国家的本地运动领导者也经常强调这一点。然而，这一运动的其他部分有时可能会面临忽视代际正义问题的危险。

还有个问题在于，这场运动与社会生态运动一样，都局限于
86 关注人类的利益，然而，如果不把非人类的利益考虑进去，所做出的决定很可能就不正确或不正义。因为把正义仅限于人与人之间的事务不可能是合理的。不过，这场运动已经让人注意到以前基本被忽视的各种压迫与歧视，任何令人满意的环境伦理

都需要凸显并试图阻止那些形式的压迫与歧视。

绿色运动

各种绿色政治运动优先考虑了本章讨论过的各种运动的主题及各种政策，包括可持续性政策、减缓并适应气候变化的政策以及抵制污染的政策。鉴于人类的碳预算（见第八章），它们往往支持来自可再生资源的能源生产，反对开采和提炼燃料，特别是通过液压破裂法等新技术来开采和提炼燃料，它们认为，煤、天然气和石油最好保存在地下。这些运动的某些成员支持奈斯所称的“深的”立场，某些成员则支持他所称的“浅的”立场，而还有些成员则支持各种各样的中间立场。重要的是，他们普遍倾向于反对一个假定：经济增长值得欢迎。

在这里无法考察绿党的波折命运，无论是英国的绿党，还是其他欧洲国家或世界其他地方的绿党；也无法考察绿党详细的经济政策，或者某些绿党为参加联合政府而结成的联盟。值得考虑的是，自称环保主义者的政党既然需要吸引选民，又如何能够参与（或多或少）自由和市场导向的社会的民主进程。环保主义在何种程度上可以与“自由主义”以及增长导向的经济相调和？

康拉德·奥特区分了四种反对经济增长的意见。第一种反对意见拒绝将国内生产总值视为成功和国民福祉的标准，而更 87
愿意将生活质量和幸福作为目标。许多组织（包括大多数绿党）都会认可这种进路，这种进路并不是要坚持经济的负增长率，而是认为经济增长率是第二位的，或者具有从属的重要性。（与此同时，不丹和哥斯达黎加等国声称，他们的幸福水平远远超过了更发达的经济体。）

第二种反对意见力求减少经济增长对自然系统的影响，强调强可持续性，同时又促进发展中国家的可持续发展。正如第五章所提到的那样，追求强可持续性与追求人类利益最大化不同，前者有时是基于非人类中心主义的理由。保护物种和野生栖息地的努力符合这些目标，并得到广泛和越来越多的支持。这种反对意见将来可能会以更大的全球平等为目标。

第三种反对意见寻求恢复共同体的欢乐，这种欢乐由美德伦理学家推崇的那些美德所支持。这种意见所暗示的是，人们不会怀念之前经济增长带来的收益。然而，我们可能会评论说，穷人和弱势群体很可能会怀念，除非同时为这些群体提供一些特别的东西。

第四种反对意见认为，资本主义的生产和分配方式与这里提到的所有去增长方式都是不相容的，需要用合作性的结构来取而代之。但这种反对意见的某种变体认为，这样的改变有失去自由主义式自由的危险，因此，摆脱资本主义的具体措施需要加以认真评估。支持这种不相容性的一个论据是，资本主义内部的增长不可能永远持续下去，最终必将面临资源有限的问题。
88 对此的一个答复就是，**无节制的**资本主义才会面临这种不相容问题，而如果一种自由社会承认限制增长，承认调控资本主义企业，并承认生活质量和强可持续性这样的目标，那么这种社会就仍然是可行的，无论是由绿党提出的还是其他人提出的。

这些考虑让我们看到了政治环保主义在多大程度上与自由民主相容。一方面要调控生产与消费，要想实现强可持续性并保护自然界，一贯的环保主义者必须赞成这种调控；另一方面又要坚持个人选择中的自由信仰。这二者之间存在着一些张力。

有些自由主义形式坚持要求市场经济不受限制；但也有些自由主义形式比如密尔的自由主义承认对增长的限制，也承认保护野生动物及其栖息地这样的目标（无论是为了我们的后代还是为了野生动物本身）。这些自由主义不是那么顽固执拗，却也仍然信奉一些自由主义式自由，比如言论自由。在行使自由主义式选举权时，人们可以自由地支持这种自由主义，这样，那些张力就能得到克服。

自由主义和环保主义之间可能发生冲突，这种冲突的一个例子就是汽车的使用和所有权。汽车的使用所导致的交通拥堵和污染正在变得难以忍受。汽车的排放物导致全球变暖，还有些排放物（比如一氧化二氮和微小颗粒物）则破坏空气质量，导致疾病和未成年人夭折，考虑到这一切，就尤其让人难以忍受。许多民主政府当局已被引导去考虑，要么在某些地区限制汽车使用，要么为污染严重的老旧汽车报废提供补贴。尽管汽车组织支持驾驶人的自由并敦促增加道路，但这样的自由主义式自由绝非显而易见地应有最终决定权，绿色组织对于步行、骑行、电动汽车和乘坐公交的倡导也绝非显而易见地不应被重视。 89

比较与总结

社会生态学与环境正义运动是对深生态学的矫正，它让人注意到经常出现环境问题的社会结构。但深生态学和很多生态女性主义也是对这些运动的矫正，因为它们关注非人类的生物、物种、栖息地和生态系统。

生态女性主义者还强调，要避免极化思维，要反对一切形式的压迫，她们认为，人类是嵌入社会关系之中的，既要通过理性化原则，也要通过情感纽带，来对自然和社会做出反应。环境正义运动强调社会内部与社会之间在环境问题上的不正义，它不仅提醒我们，人们有权利就其环境方面得到承认和展开商议，而且也提醒我们，当前对过去的不平等进行补偿很重要，未来对当前的不平等进行补偿也很重要。绿色运动（还有深生态学）促使我们重视对未来世代和非人类世界的义务。

绿党对经济增长的反对可能具有不同程度的合理性，他们强调的是生活质量而不是国内生产总值，强调强可持续性，这些都属于他们更为站得住脚的主要观点。环保主义和自由主义之间可能会出现张力，但这些张力并非总是无法克服。

第七章

环境伦理学与宗教

林恩·怀特的批评

本章首先讨论犹太教-基督教对自然的态度所面临的一个影响广泛的批评，这种批评在那些态度中找到了我们生态问题的根源。接下来要阐述并捍卫一种托管论立场，这种立场不仅为基督教所采纳，也为犹太教与伊斯兰教所采纳。考虑到世界上有近一半的人类文化都受到这三种有神论信仰中的一种或另一种的强烈影响，而且这些文化中放弃了宗教信仰的人和来自其他文化的人，也可能会接受一种世俗版的托管论（一种站得住脚的形式），关注有神论宗教和相关的托管论传统在介绍环境伦理学（无论是多么简短的介绍）时就是必不可少的。不过，世界上其他宗教也为保护环境做出了自己的贡献，本章最后对其中一些比较引人注目的贡献进行了概述。

人们普遍认为，西方的宗教形式培养了一种对自然的人类中心主义态度，与之相伴的是一种专制和专横的进路。与此同

时，在西方和其他地方，数以百万计的人相信，在人类和自然的关系上，人类是管家或受托人。他们中的很多人都认为，在这一角
91 色上，自己负有伦理责任，而且在履行这些责任时要向上帝负责。

在1967年的一篇影响很大的论文中，小林恩·怀特主张，基督教本质上是以人类为中心的，对自然界持一种傲慢而专制的态度，认为人类开发利用地球是上帝的意志。怀特是研究中世纪技术的专家，他认为，7世纪深耕的引入典型地体现了西方基督教的傲慢。他说，人类在这个阶段变成了自然的压榨者。然而，他并没有这样指责东方基督教。他提出的补救办法是采用禅宗，要不然就接受圣方济各对自然的态度。

怀特的论文被收入了多部文集，他的观点在通俗读物中广为流传。这使得我们有必要指出，他关于中世纪技术的最重要著作在研究同样主题时注意到了更多细微的差别，而且也有更多的限定。他在书中指出，深耕始于古代异教徒世界，在维京人接受基督教之前就已经由他们传播开了。而他的论文则忽视了这些细微差别和限定。

还有评论者认为，中世纪基督教被用来祝福和证成西方当时正在进行的技术进步（比如深耕），这些进步是由经济而非神学的压力所驱动的。对自然的压榨始于古代，在那个时期得到了强化，但是几乎不能认为西方宗教是其起源或驱动力。

后来，现代早期的基督教确实鼓励了对自然法则的科学探索（想想开普勒、伽利略、波义耳和牛顿），以便去发现造物主的计划，中世纪的伊斯兰教也是这样。但这些都没有使得基督教
92 成为人类中心主义，更别说推崇为了人类的目的而残酷压榨自然了。《旧约》禁止虐待家畜（《箴言》12：10）和从巢中带走母

鸟（《申命记》22：6—7），并承认上帝为狮子和海洋生物这样的野生生物创造了时间和栖息地（见《诗篇》104和《约伯记》38—41）。

耶稣敦促他的追随者考虑空中的飞鸟和田野的百合花（《马太福音》6：26—29），尽管人的价值更大；保罗在上帝的拯救计划中为整个造物都保留了一个位子（《罗马书》8：21—22）。总之，不能把基督教描述为人类中心主义，更不能说基督教支持人类压榨自然，或以专制的方式对待其他物种。

对于怀特选择性地推崇圣方济各，苏珊·鲍尔·布拉顿指出，这个圣徒“不是孤立的，他只是一种充分发展的基督教传统中的人物之一，这种传统把自然作为上帝的造物来欣赏”。我们很快就会看到，有一种基督教传统（但也不只是基督教才有这种传统）对自然界的生物持一种友善得多的态度。就算西方接纳佛教，也不太可能有根本的不同；因为正如约翰·帕斯莫尔所说，东方宗教事实上通常并没有防止受其影响最大的国家的环境恶化。帕斯莫尔进一步主张，伦理传统只能在他所谓的“种子”（或早期传统）已经存在的地方发展，也就是他在西方传统中所发现的那类种子。

然而，怀特的文章刺激了神学家，他们提出了通常称作“生态神学”的理论，这种神学涉及自然，也涉及人类对地球及其生物的义务。它还导致人们去研究各种宗教关于自然和生态的教义。事实上，怀特后来可以声称，正是他使得这些发展成为可能。 93

托管论

托管论传统也属于帕斯莫尔所描述的西方传统之列，对这种立场来说，人类要为保护和照顾自然环境负责。帕斯莫尔认为，这种传统潜藏在异教徒的前基督教著作与17世纪马修·黑尔爵士对它的主张或重新主张之间。但是，他的导师克拉伦斯·格拉肯认为它是《旧约》的总体立场，从“打理和看守”伊甸园的命令（《创世记》2：15）开始就是这样。他还揭示了巴西尔、安布罗斯和狄奥多勒等教父所信奉的另一个友善的传统（帕斯莫尔也提到过），对这种传统来说，人类的作用就是增强造物世界的美丽和丰硕，从而完成造物主的工作。例如，圣本笃会的僧侣们就经常这样看待自己。

格拉肯对《旧约》的解释得到了犹太作家乔纳森·赫尔芬德的认可，他强调“大地属于上主”（《诗篇》24：1）。他承认，对于犹太教这样的一神教来说，自然不是神圣的，但他坚持认为，对于犹太教来说，人类对自然的利用要向上帝负责。这便提出了一个问题，托管论传统是否能够被世俗化，是否能被那些已经放弃了对上帝信仰的人和机构所利用。我们将回到这个问题上来。

对伊斯兰教而言，正如诺曼努尔·哈克所说，世界是为人类所造的，但它是为所有世代而不是只为一代人所造。人类是神的哈里发（代理人），因此，人类是全球的受托人，他们对待自然和其他生物的方式要受到问责，虐待会遭到惩罚。尽管《古兰经》让自然屈从于人类，但它并没有赋予对自然不受节制的压榨
94 权，因为自然最终属于神。在伊斯兰教传统（圣训）里，有规定要求承认希玛，希玛是指受保护的牧场，在那里也要特别保护植物和动物；也有针对哈伦的规定，哈伦指的是自然保护区，在那里，猎杀动物是不被允许的，泉水和河流也得到尊重。

法兹伦·哈立德2013年在卡迪夫大学的一次演讲中提到，《古兰经》里关于环境责任的洞见在2001年被翻译为斯瓦希里语，并展示给桑给巴尔的渔民看，他们立即放弃了长期以来爆破珊瑚礁的做法（见图5）。大家都知道这种做法是非法的。但对他们来说，不服从国家是一回事，不服从真主则完全是另一回事。

因此，尽管其他某些宗教把自然视为神圣的，但三大一神教（犹太教、基督教和伊斯兰教）却授权人类研究和利用自然来满足人类需要，不过也赋予人类自然界的管家或受托人的角色。帕斯莫尔推崇以世俗的方式延续这一传统。已经提出的对托管论的诸多质疑是否有效，世俗化的托管论是否可能，这些都有待观察。

图5　东非海岸的渔民把鱼炸出水面；非法炸鱼破坏了珊瑚礁，这违反伊斯兰教义

对托管论的批评

尽管这种或那种形式的托管论得到了广泛的接受，但已经有人对它提出了不少批评。这里要考虑其中的几条。

有时候，托管论被认为与其古代和中世纪起源具有不可磨灭的联系，当时管家的作用包括监督奴隶或农奴。对于这种批评，詹妮弗·韦尔什曼答复道，我们并不会因为民主起源于奴隶社会（古代雅典）就取消民主。还有一种东西也超越了它的社会起源，而且人们也并不认为它被其社会起源所玷污，那就是哲学本身。托管与一些恶行如压迫和性别歧视之间并不存在潜在的联系，这一点也得到了其广泛使用的替代名称的证实，比如“负责”和“受托”。（显然，负责人和受托人所掌管的东西具有一种价值，这种价值被公认不仅仅是工具性的。）这里的回应不仅适用于宗教版的托管论，也适用于世俗版的托管论。

托管论由于其宗教起源，也被认为阻止了对自然界的尊重。作为造物主的神不同于自然，这一点被认为有损于自然的价值。这与泛神论不同，对于泛神论来说，神与自然界同在。怀特对犹太教-基督教神学的抨击有时候会激起这种质疑。

对创世的信仰确实主张崇拜造物主而非被造物，但它也认
96 为，世界体现了上帝创世的目的，上帝存在于世界之中（而不是像某些批评者说的那样，不在世界之中）。这要求人类尊重作为上帝的造物的自然，也尊重同样作为上帝的造物的其他生物。相反，对于泛神论来说，上帝是物质性的，不存在应该给予崇拜和服务的造物主，也不存在创世的目的。

尽管《旧约》将对自然的“管辖权”赋予人类（《创世记》1；

《诗篇》8），但如果认为这意味着授予人类以支配权，那就误解了“管辖权”。准确地说，可以这样来理解照看第一个人所处的花园这条命令：它要求一种负责的态度，一种管家的态度。尽管这些答复主要是在捍卫宗教形式的托管论，但它们也意味着，世俗版的托管论（根据这种版本，创世与造物等说法充其量是一种比喻）可以免遭类似的质疑，尽管它们通常都受益于宗教语言。

许多批评者声称，托管论始终是一种人类中心主义的。有些版本确实是如此，包括约翰·加尔文的版本以及伊斯兰教的版本（不过，它们也要求尊重神的造物）。但托管论的拥护者也经常是非人类中心主义的，比如巴西尔和克里索斯托这样的教父，以及马修·黑尔爵士、约翰·雷伊、亚历山大·蒲柏这样的现代早期人物。

英国教会社会责任总理事会以及理查德·沃雷尔、迈克尔·阿普尔比等世俗学者最近已经提出了一种非人类中心主义的托管论。他们的定义值得完整引述：

> 托管就是负责任地利用（包括保护）自然资源，同时要充分且平衡地考虑个人需要、社会利益、未来世代的利益和其他物种的利益，并承认对社会负有重大责任。 97

这个定义打消了那些认为托管论总是人类中心主义的人的疑虑，除此以外，还暗示了经常有人提出的那个问题的一个答案，即世俗的管家要向谁负责。

还有些批评者指责托管论是一种管理至上主义，认为它要求人类干预整个地球表面，以提高自然资源的生产力。因此，托管论被指责为一种对自然的工具主义态度，采纳的是一种管理模式。正如克莱尔·帕尔默所总结的，

> 托管论对地球的某些地方来说有时候不合适，而对另一些地方来说任何时候都不合适（如深海），有时候则对整个地球来说都不合适，即在人类进化之前和灭绝之后。

但是，托管论的支持者没有必要对自然采取一种工具主义态度，《圣经》有很多段落似乎都承认自然的内在价值，《古兰经》有很多段落也抵制这种态度。此外，承认非工具价值也要求尊重其他物种及其栖息地，从而避免在整个地球表面殖民。另外，托管论和干预主义根本不是同义词，而且与顺其自然是相容的，除了很多地方以外，也适合于帕尔默自己关于南极的例子。

尽管帕尔默正确地主张，在人类进化之前并没有人类的责任，在人类灭绝之后也没有，但是对于人类可以影响到的整个自然领域，人类可能都有责任，包括今天的深海、太阳系以及太阳系外的很多外太空。除非负责地运用日益增强的人类能力，否则全球问题会越来越严重。因此，根本不能说托管论对于会受人类影响的任何地方来说都不合适，相反，人类的技术使得托管不可或缺。事实上，正是由于人类来到了地球，才使得托管既是可能的，也是必要的。这些辩护既适用于宗教版的托管论，也适用于世俗版的托管论。

詹姆斯·洛夫洛克曾提出，管家们倾向于找到技术性的解决办法来解决环境问题，比如用地球工程学来解决气候变化问

题，也会支持用氯化铁来饱和海洋，以便通过藻类的生长来处理多余的二氧化碳。但是，这种“炮舰外交”进路（他这样叫）或者用技术来解决问题的想法与承认预防原则相冲突，环境的管家有可能更喜欢预防原则而不会陷入自相矛盾。洛夫洛克提倡，应该把我们自己看作地球的医生（而不是管家），要采取措施保护脆弱物种，减少温室气体排放。然而，地球医生的角色与管家的角色并不矛盾，我们可以同时承担这两种角色，只要不要认为它们要求在全球范围内实行干预主义。

然而，对托管论的进一步批评主张，它可能会忽视社会正义和环境正义，而集中精力于管理时间、人才和财富。某些支持托管论的人可能会屈服于这种诱惑，但如果是这样，他们就忘记了托管论的伦理基础，至少根据理查德·沃雷尔和迈克尔·阿普尔比的定义，其伦理基础包括了代际之间和物种之间的公平。

这些作者的世俗立场对伦理学的呼吁力度还不如教皇方济各对伦理学的呼吁。教皇方济各在其通谕《劳达托西》（副标题为“关爱我们的共同家园”）中提倡保护生物多样性和对气候变化采取紧急行动，并将获得水资源视为一项人权，寻求减少不平等，而且希望大家怀着和他同名的圣方济各的精神，以惊奇的态度接近自然和环境。较早前普世牧首巴塞洛缪对基督教伦理提出了类似的解释。

托管论包含了一个广阔的伦理平台，它在各种形式的规范伦理学比如美德伦理学、道义论和后果论之间保持中立。因此，不能指望从它那里得出一套政策指令。但是，它显然致力于保护环境，反对压榨和环境恶化，从而引导人们的态度，我们不能指责它是无害的或空洞的。由于它承认每个人都可以扮演管家角色，所以它也假定，那些因贫穷或勉强糊口的生活而受到阻碍的人也应该有用武之地。因此，那些采取托管进路的人对正义的追求必定意味着要提升穷人的能力，以便他们能够与其他人一道共同发挥管家的作用。

这一结论以世俗版的托管论具有连贯性为前提，因为很多人并不接受宗教版的托管论。但是，对世俗版托管论的主要驳斥（即不知道要向谁负责）已经得到了答复：世俗的管家要向社会（包括地方社会和全世界）负责。有时候有人说他们也要向未来世代负责，但是向尚不存在的人负责的说法是没有意义的。然而，我们可以向活着的子女和孙辈负责，以及向整个道德行动共同体负责，这个共同体共同承担着照顾和保护环境的责任，或者更准确地说，向这个共同体当前的成员负责，当我们逃避环境责任时，正是他们可以向我们问责。

因此，世俗版的托管论恰如宗教版的托管论一样站得住脚。因而，它可以被那些放弃宗教信仰的人和非西方宗教的信徒所
100 接受。

其他宗教的贡献

宗教促进了对环境的关心和保护，但就此而言，托管论并没有穷尽宗教的所有贡献。比如，其他贡献还包括赞美自然，尤其是，如果这种赞美培养了对自然界的爱和关心，那就更是一种贡献了。尽管很多这样的赞美都出现在大多数基督教、犹太教和伊斯兰教国家，不过，受不同宗教文化影响的其他国度也出现过这种赞美。

例如，在日本，“花见”随着樱花盛开而在全国范围内展开，从冲绳开始，逐渐向北延伸到北海道岛。这些活动如此受欢迎，以至于天气预报都会告诉大家樱花预计什么时候开。在佛教传统中，短暂的花朵象征着生命的转瞬即逝，但节日也有助于培养对自然美景的热爱。因此，远在圣保罗或巴西以及加拿大温哥华和多伦多等地的日本侨民都在庆祝这个节日。

其他宗教文化也支持许多相应的庆祝活动。无论是对于庆祝活动还是对于其他传统的惯例，这里都不打算无所不包地提及，而是只选择一些对环境有利的习俗或态度，它们通常对应于帕斯莫尔所谓友善的西方传统的“种子”。

在中国文化里，儒家学说鼓励其追随者成“仁”（有美德的或正直的），无论是在其行为中还是在人际关系中。尽管像美德伦理学所谓的美德一样，这种教义有时候可以被解释为一种人类中心主义，但我们也可以将它加以扩展，从而可以关心非人类的生物（是否考虑这种扩展，这是当代儒家的自由）。然而，就友善对待环境而言，道家思想更加明确。它拒绝将人与自然截 101
然相分，在老子看来，它教导我们众生平等。

马里翁·霍德干让我们注意早期道家学派的庄子，他想象一条鱼变成了一只巨大的鸟，让更小的生物感到惊讶，从而鼓励我们改变我们的传统视角并设想新的视角。这样，道家的道就与儒家的道有所不同，始终包含着自然界和非人类的视角，并隐含地促使我们将圣人的各种关系加以拓展，从而超出人与人之间的关系。霍德干认为，这意味着我们有可能基于一种关系性自我来建立一种环境伦理，但与深生态学不同，它保留了对不同身份与视角的尊重，以及对其他生物独立价值的尊重。

同时，西蒙·詹姆斯将佛教徒提倡的那种慈悲当作一种环保主义美德加以推崇。根据佛陀的说法，这个世界的问题在于“苦”，也就是痛苦，它包括了不满足和欲望。通过采取一种开明的或更好的生活方式，包括采取作为佛教重要美德之一的慈悲，就可以克服“苦”。

这种慈悲与冷静对待影响到自己的“苦”是相容的，要求我们克服自我中心，变得无我。它还要求我们深刻地意识到他人的痛苦，但又不要被它压倒。这样的慈悲（在这方面就类似于通常的同情）并不包含傲慢，因而不同于怜悯。但往往又不同于通常的同情，它包含了关心非人类的动物（还特别把无脊椎动物包括了进去）的痛苦；对佛教徒来说，缺乏这种慈悲的人根本就没有同情心。

并不是每个人都会赞成应该避开所有的不满足，也不是说不满足总是应该引起同情。不满足有时会让人们意识到不公正，并努力克服不公正；在这种意义上，实际上可以对不满足表示欢迎。但毫无疑问，通常意义上的同情是一种美德，总体而言，它让世界变得更好；就算再加上佛教的一个要求，即动物的痛苦也应该包括进同情的范围，这一结论也不会受到影响。如果是这样，那么非佛教徒也应该考虑扩大其同情的范围。

也许更重要的是，佛教关于“苦”和慈悲的教义使得佛教徒可以发展他们的同情，以便不仅同情当前的痛苦（无论是人类的痛苦还是非人类的痛苦），而且还要同情未来存在者和未来世代的痛苦。这样，佛教独特的宗教传统就可以（而且经常）促进对自然界、物种、栖息地和气候的友善态度。

事实上，在大多数（如果不是所有的话）文化中，都有伦理的和／或宗教的传统能够被发展来激发环境意识。在埃塞俄比亚的奥罗莫人当中，摧毁一个物种被认为是错误的，因为这将不可避免地减少神的造物，即便减少有害动物的数量是可以接受的。此外，博拉纳族的奥罗莫人故意将饮用水放在水井附近让野生动物在夜间饮用，他们认为喝水是它们的权利之一。这种惯例可以扩展成一种对自然更广泛的关心。

圣地[①]的观念不仅仅局限于西方宗教和伊斯兰教，也可见于生活在南非林波波省的文达族人当中。他们的圣地由护卫保护，那些护卫本身也被禁止采摘这些圣地树木上的果子。保护区这一传统观念最近已经扩展到生物具有多样性的陆地和海洋地区，对物种和栖息地保护已经做出了重要贡献。 103

在那里，许多非洲圣贤所倡导的一种独特的精神，即班图人的班图精神或者团结友爱精神，它意味着，作为人类，就是要处于一个关系网络中。人们普遍认为这种观念能够培养一种共同体精神，要想防止环境恶化和缓解气候变化问题，这种共同体精神是必需的。如果将这种观念扩展到生物共同体，那就更是如此了，正如莫戈贝·B. 拉莫斯所提出的那样。这种进路既强调权利又强调义务，可以扩展到整个人类和整个生物界。虽然并非所有的圣贤都坚持这样的信仰，但许多非洲领导人，包括大主教德斯蒙德·图图都表示，这是非洲的贡献，可以与其他大陆的人民进行有益的分享。

在其他地方，1972年，对生态具有积极意义且得到广泛宣传的某些说法，被说成是19世纪美国土著人苏夸米希人西雅图酋

① Sanctuary一词也有“禁猎区”和“动物保护区”之意，这里应是一语双关。——译注

长的言辞。谈到他的神与美国白人的神时，他好像说过“我们的神是同一个神”。然后他继续问道：“你怎么能买卖天空？”并且宣布：“地球不属于人类，相反，人类属于地球。”

不幸的是，呈现这些言辞的美国南方浸信会电影导演没有注意到，这些言辞的作者泰德·佩里也承认，它们仅仅被归于西雅图酋长。西雅图酋长言论的第一个书面版本使用了非常不同的言辞，比如“你们的神爱你们的人民，恨我的人民”。通过借助一位土著圣人来表现自然神秘主义，电影的文本似乎产生了更大的影响；但是，当我们要借历史人物之口来表达当代的（可能是异域的）思想时需要多加小心。

然而，来自另一个美国土著奥格拉拉·拉科塔部落（苏族人）的布莱克·埃尔克的言辞（发表于1973年）似乎表达了很多美国土著文化的信念。

> 我们应该明白，万事万物都是“伟大精神”的杰作。我们应该知道，他存在于万物之中，包括树木、花草、河流、山川、所有四足动物和有翅膀的族类……我们应该明白，他高于所有这些东西和族类……如果我们真正地在内心深处理解了这一切，那么我们就会成为他所希望的那种人，就会像他所希望的那样行动，也会像他所希望的那样生活。

再加上一个当代的例子，豪德诺索尼（或易洛魁人）认为，“有一个造物主创造了使生活得以充裕之物”，“万事万物中都有一个活着的精灵，包括动物、植物、矿物、水和风”，人们除了彼此之间应该和谐相处之外，也应该“与自然和谐相处”。

因此，造物主存在于造物之中，生物值得尊重，而且宗教信仰可以成为保护自然的关键因素。这些想法将受到其他西方宗教传统支持者的欢迎，而且也与宗教版的托管论非常契合。 105

第八章

气候变化的伦理学

气候变化与伦理原则

城市污染、海洋污染、物种和栖息地减少以及沙漠扩大，所有这些都是严重的生态问题。但是，表现为全球变暖的气候变化几乎确实仍然是更为严重的问题。除了大气中二氧化碳和甲烷等温室气体越来越浓以外，气候变化还涉及很多问题：海平面上升，岛屿和沿海定居点洪水泛滥，冰川和冰盖缩小，飓风、干旱和荒野火灾等天气事件日益频繁和强烈，数以百万计受到影响的人们和许多物种移居到稍微适宜一点的栖息地，以及它们和我们的后代都面临更严重的此类问题威胁。

对于大气中二氧化碳和其他“温室气体”含量增加的现实，几乎没有分歧。二氧化碳含量的百万分比浓度（ppm）已经从前工业化时期的280左右上升到目前的400左右。温室气体含量还要高一点，因为（比如说）甲烷和氢氟碳化合物导致温室效应的能力是二氧化碳的数倍。从有记录以来的平均气温来看，

2016年、2015年和2014年这三年是最热的。平均气温的升高可能没有人们担心的那么快，但与工业化之前相比仍然上升了一摄氏度，如果不采取预防措施，还会上升更多。106

此外，尽管不是每个人都赞成人类活动是这些增加的主要原因，但绝大多数科学家都一致认为，这是极其可能的，而且全球变暖是“人类造成的”。这一信念反映在联合国政府间气候变化专门委员会（IPCC）的报告中。1995年，该委员会坚称，全球变暖的责任“很有可能”在人类身上。到2001年，他们宣布这“非常有可能”。到2003年，他们又断定这“极其有可能”。

与此同时，对于平均气温相对于前工业化时要升高多少，他们的预测在1.5摄氏度到4.5摄氏度，也有较小的可能性会升高得更多（但这非常重要）。然而，升高超过2摄氏度就是灾难性的，正因为如此，2015年12月联合国巴黎峰会上，各方达成协议，平均气温升高最高不超过2摄氏度，如果可能的话限制在1.5摄氏度以内。

因此，如果不采取有力和协调一致的行动，就会有一种严重的危险：人类活动会产生灾难性的气候变化，无论是对未来世代和无数的物种来说，还是对洪水和其他极端气候事件的当前受害者（包括那些对气候变化促进甚微甚至毫无促进的人）来说，都是灾难性的。因此，有一个强有力的道德理由采取有力和协调一致的行动，一方面缓解气候变化，另一方面，考虑到一些气候变化已经不可逆转，也要适应其影响。

然而，少数科学家（还有记者和政治家）坚持认为，气候变化并不是人类造成的。面对这样的怀疑主义，伦理学家该说些什么呢？一个很好的回答在于预防原则，该原则专门运用于任

107 何未能完全达成科学共识的地方。正如第五章所提到的，这条被广泛认可的原则提倡，甚至在达成科学共识之前，就要用行动来防止一些后果，如果我们有理由预料那些后果会产生严重的或不可逆转的伤害的话。但是，对于有理由预料到一些既严重又不可逆的后果，怀疑主义者不可能认真严肃地加以否认，尽管他们会否认有决定性的理由预料到这一切。

因此，每一个接受这条原则的人（包括怀疑主义者）也应该接受采取有力而协调一致的行动的道德理由。如果你浏览一下《气候变化地图集》，这种意见就会得到证实。这本书包含了这样一些章节，比如“遭受破坏的生态系统”“对健康的威胁”“岌岌可危的城市”（其中包括纽约、洛杉矶、孟买、上海和东京，要不是有泰晤士河作为屏障，也会包括伦敦）。

还有一些伦理原则也是有价值的。比如，在促进恶劣天气事件方面，有的人只起了一点点促进作用，甚至没有起任何促进作用，那么将伤害（比如恶劣天气事件的影响）施加于他们身上，就是鲁莽的，也是不对的。最近袭击西印度群岛的艾尔玛飓风的受害者已经指出了这一点。

降低未来世代的生活质量是本可以避免的错误，但如果我们这一代没有减少温室气体排放，那我们就正在犯错误（第三章讨论与未来世代相关的伦理问题时就提出了这一点）。未来世代可能会遭受更强烈和更频繁的极端气候事件（干旱、飓风、洪水和荒野火灾），也可能会面临以前的热带疾病比如疟疾的扩散，面临海平面继续上升，而这可能会导致沿海居住地和整个岛屿被淹没，除非我们采取行动阻止我们排放的温室气体所造成的这些影响。（2009年，马尔代夫政府在水下举行内阁会议，以

此引起世界注意这个问题。见图6） 108

此外，我们已经看到，消灭物种是本可以避免的错误，除非是为了阻止更大的害处。因此，有无可辩驳的道德理由采取强有力且协调一致的行动来缓解气候变化，如果气候变化不可逆转，就要去促进人们适应这种变化，如果有可能，就对气候变化的受害者进行补偿。

即使在减缓、适应和补偿问题上达成了普遍共识，需要些什么政策也并非立刻就显而易见。因为同时还有其他问题需要考虑，例如遭受贫困的国家和人民的需要，养活日益增长的人口的问题，以及气候变化以外的生态问题。

因此，适应和补偿问题必须结合可持续发展政策来考虑。必须记住粮食生产和淡水供应问题，还要赋予妇女权利并教育

图6 马尔代夫2009年水下内阁会议，象征着海平面上升导致大规模洪水泛滥的风险

109 她们，从而尽快稳定人口水平。与此同时，已经提出的保护物种和栖息地的理由需要加以注意，包括避免土地退化的理由，以及避免陆地、天空和海洋污染的理由。无论是地方层面还是全球层面，都需要统筹性的政策，尽管这可能具有挑战性。

然而，这里的重点是引入（无论是在地方层面还是在全球层面）减缓、适应和补偿政策。因为这些问题有着不同且都站得住脚的处理办法，是时候考虑它们了。

权利、责任与制度设计

应该如何分配排放温室气体的权利？又应该如何分配为减缓、适应和补偿政策买单的责任？人们已经提出了多种全球层面的分配形式。

许多人（包括戴尔·吉姆森、彼得·辛格和我自己）都被一个叫作“收缩与趋同”的制度所吸引。该制度背后的原则是，每个人都有平等的权利向其他每一个人排放温室气体（无论是直接排放还是通过用于运输或用作食物的家畜来排放）。因此，应该计算出某一年可允许的排放总量，然后在世界各国之间按人口比例进行分摊。

如果一个国家希望自己的排放量超过自己权利允许的范围，它就必须向没有充分行使权利的国家购买配额。这样，这个计划就具有再分配功能，能够为贫穷国家提供额外的资源。渐渐地，衡量有权排放量的标准就会不同于当前的惯例，而会全球趋同；而可允许的排放总量就会收缩以确保全球的可持续发展。
110 这便是所谓的“收缩与趋同”。

这套制度最初由奥布里·迈耶提出，根据这套制度，过去的排放将被忽略，要重点关注目前和未来公平而可持续的分配。鉴于当前的人和未来的人在需求上或多或少是平等的，对历史的这种忽视似乎是公平的。当然也存在一些危险，比如贫穷国家会出卖他们自己也需要的权利。但是，这样的问题可以通过为排放量交易设定上限来解决。还有一个危险：为了实现更大的国家权利或配额，人口将会增加。但是，这个问题也可以得到纠正，那就是一致选定一个计算人口数量的截止日期，而且这个截止日期宜早不宜迟。

然而，一项科学发现已经给这一制度的公平性带来了新的困惑。事实上，如果人类要想有50%的机会避免平均气温上升超过2摄氏度，碳排放总量就必须限制在一万亿吨以内。如果要想有75%的机会避免平均气温上升超过2摄氏度，或者要想有50%的机会将平均气温升高的幅度控制在1.5摄氏度的上限以内，那么碳排放总量就必须限制在这个数据的大约四分之三，也就是7500亿吨。这些数据已经以“人类的碳预算”之名而为人们所知。

但不幸的是，截至2009年，也就是迈恩豪森和其他人发表这些数据的时候，一万亿吨排放预算当中的55%已经用完了，而且剩余的排放预算似乎很可能会在2044年初用完。这意味着，对已经用完的55%排放量负有最大责任的那些国家不能公平地声称，它们的居民应与历史排放量低或可忽略不计的国家的居民得到同等对待。

这个问题本身并不会破坏“收缩与趋同”制度，因为可以修改这个制度，以便包括自1990年（当时才清楚地看到，人类的碳排放正在改变气候）或1750年（大概是工业革命开始的时候）

以来相等的人均排放量。奥布里·迈耶采取了中间立场。

然而，要是不能做出这样的改变，就需要找到其他某些制度来减少一些国家的权利，那些国家的财富在很大程度上来自历史上的碳排放量。这样也就可以允许另一些国家发展，这些国家虽然相对贫穷，但以前的碳排放量低，而且很重要的是，它们的居民基本需要普遍没有得到满足。毕竟，这些国家大多数都是有最强有力的理由获得补偿的国家，它们遭受了主要由其他国家造成的气候变化的不利影响。

保罗·贝尔、汤姆·阿塔纳修、斯旺·卡塔和埃里克·坎普-本尼迪克特在2008年提出了一种不同的制度。由于需要资金来满足穷国未得到满足的基本需要，以及减缓和适应气候变化，他们提倡承认“温室发展权”，这将由一项国际税来提供资金支持，这种国际税要向每一个收入高于西班牙平均收入水平的人征收。一个国际机构将调配这些收入，从中提取资金来资助减缓和适应气候变化，同时也资助贫穷国家的可持续发展。

随后，随着贝尔的去世，阿塔纳修、卡塔与克里斯蒂安·霍尔茨一起着手更新他们的理论，以便把人类的碳预算和巴黎气候会议上确定的1.5摄氏度的气温升幅控制目标都考虑进去。人权仍然是他们理论的中心，同时，他们试图根据各国的历史责任和经济能力来分摊剩余的碳预算（以及减缓或它所要求的碳排放量与等效排放量）。由此得出的《气候公平参考计划》试图达到一个目的，即表明公平需要我们做些什么，以及责任是限定于1990年以来的时期（似乎是最合理的），还是可以追溯到1950年或1850年。

诸如这样的全球性问题当然需要统筹性的解决办法。要想让世界上的国家一致赞成一种影响如此深远的解决办法，并授予一个国际机构如此大的权力，这简直希望渺茫。因此，对于这些问题，更可取的做法是不要以统一的方式来处理它们，而是要在全球层面上将它们与发展及相关的权利问题分开来处理，对于气候问题尤其如此。因此，一种经过调整的“收缩与趋同”制度尽管在目标和范围上不那么激进，但似乎更为可取。

然而，也有人建议在全球范围内拍卖二氧化碳和其他温室气体的排放权，他们相信市场力量能够找到最有效的方案来解决如何分配这些权利的问题。但拍卖有利于经济实力强的国家和公司，它们可以开出比其他国家或公司更高的价格，而且也不太可能产生可以被视为公正的结果。

事实上，2015年12月联合国巴黎气候大会的组织者认为，由一个具有最高决策权的机构来分配权利与义务是不会得到接受的，因此所有与会国最好在会前做出自己的承诺，这样那些原本不会参会的国家也可能会被诱导去参会。

但是，各国的承诺即便完全兑现了，也不足以达到平均气温升高控制在2摄氏度的目标（这一目标也是在会上达成的），更别说1.5摄氏度的目标了（会上一致认为这个目标更可取），平均气温更可能会像预期的那样升高3摄氏度。然而，会上也制定了一条规定，即应该定期审查这些承诺以便对它们进行重新考虑，这条规定使得这些承诺有望得到足够多（且足够快）的修订，以便实现所达成的升温限度目标。 113

现在说《巴黎协定》能否充分缓解气候变化还为时过早。一个关键的因素在于其定期审查的规定，在这个规定中，国家的承诺可以持续更新。如果真做到了这一点，那么对于缓解平均气温升高并将之限定在一致赞成的1.5摄氏度，仍然不算太晚。

与此同时，特朗普总统（2017年）让美国退出《巴黎协定》的决定可能是灾难性的，尽管美国的许多州和公司都在坚持自己的承诺，而且美国似乎有可能在其退出决定生效之前重返参与。我们鼓励美国读者用自己的声音（如果有必要的话，也可以用自己的选票）来确保美国重新达成这项协定，尽管这项协定存在种种缺陷，但这是解决我们这个时代最严重全球环境问题不可或缺的一步。在未来的几十年里，美国对进一步减排的承诺至关重要。

整体上看，各国的承诺意味着，该协定大致上还算得上公平；而中国和印度这样的新兴经济体的参与意味着，这样的协定无疑有可能改变世界。一个主要的批评是，较富裕国家的排放对落后国家造成了伤害，它们在历史上的排放促成了自己的繁荣，而且，自从人们认识到温室气体正在破坏全球气候以来，它们当中的很多国家还在排放，尽管如此，该协定中却根本没有提到任何补偿。但是，只要制定出恰当的规定来帮助较贫穷的国家适应气候变化，这一规定在某种程度上就可以发挥补偿本应发挥的作用，尽管补偿还没有得到承认。与此同时，更强有力的
114 减缓措施仍然可以防止小岛及岛上的居住地被淹没在海洋下，但为此还没有任何可以设想的补偿形式来提供补救。

减少温室气体（和其他气体）的排放

为了防止气候灾难，需要消除温室气体排放。这不是一个无望的计划。例如，二氧化碳（相对于其他温室气体）的排放量在2016年似乎已经稳定，尽管这一说法存在争议。与此同时，同

年的基加利会议同意减少氢氟碳化合物的排放。氢氟碳化合物是一种烈性温室气体，其单位排放量的影响远远大于二氧化碳。这项协议预计将使得平均气温在21世纪少上升0.5摄氏度。然而，如果西伯利亚的永久冻土继续融化，就有可能排放大量的甲烷（目前埋在那里），从而进一步提高温室气体水平。

因此，还需要做更多的工作。特别是，可再生能源应该取代煤、石油和天然气作为电力来源。从理论上讲，引入了碳捕获与封存（缩写为CCS）的技术，这种取代就不再必要。但碳捕获与封存技术远不能保证有效，而地下储存的二氧化碳的泄漏将彻底破坏预期的利益。用天然气发电比用煤发电危害小，但因为它也会产生碳排放，所以并不是解决办法。

许多人提倡用核能取代化石燃料来发电，但安全储存核废料和安全停用核电站的问题仍未解决；此外，也不能忘记发生事故（比如切尔诺贝利核事故和福岛核事故）的风险。至关重要的是，不应该用放射性物质排放来取代碳排放。幸运的是，利用可再生能源（太阳能、风能、水能、潮汐能和波浪能）发电的成本 115
现在已经低于核能的成本，而且，这些发电形式确实几乎是零排放的。核聚变基本上也是零排放，它或许最终可以作为可再生能源的补充，但尚不具备必要的技术。

因此，我们必须转向可再生能源。引入它们的同时，当然也需要考虑能源储备，以防某一天太阳不再发光且风也不再刮。但是，这项技术是非常先进的。一个国家究竟采用哪种可再生技术取决于其地理环境和技术资源。

在英国，风能、水力发电和潮汐能是最合适的能源，但是太阳能在更温暖的地方有着最大的潜力（不过，即使在英国，太阳能也已经通过像我家这样的屋顶太阳能板在发挥作用）。在某些地方，比如尼泊尔，地方性的水力发电（没有与国家电网相连）广泛地满足了农村人口的需要。总之，需要在全世界范围内尽快引入（这种或那种）可再生能源发电。

同时，寒冷国家的家庭需要改善他们房屋的隔热情况，以便减少能源使用。安装太阳能电池板就可以用阳光发电，从而也有助于减少对发电厂的需求，这在全世界范围内都具有潜在的价值。

还需要把注意力集中在汽车上，并减少其排放。英国政府一度鼓励使用柴油驱动的汽车，因为它们的碳排放量低。但事实证明，它们排放的二氧化氮、氧化亚氮和空气中的颗粒物对健康非常有害，因此需要立刻分阶段地淘汰柴油发动机（而不是到2040年，这是英国政府选定的目标）。以汽油为燃料的汽车也必须逐步淘汰，用电动汽车取而代之，汽车制造商已经开始转向电动汽车生产。只要用来给电动汽车充电的电力本身来自可再生资源，这就将减少城市污染，并显著减少汽车用户的碳排放。

另外，植树造林也发挥着重要作用。树木的光合作用可以从大气中除去二氧化碳。应该鼓励尚未砍伐森林的国家保护森林，特别是通过2010年在日本举行的名古屋会议上商定的各种资金来鼓励这些国家。在巴西和西伯利亚等遥远的地方普遍存在的砍伐现象，要么必须减少，要么需要通过重新种植来加以平衡。而且，森林被毁的地区，比如海地和埃塞俄比亚北部大部分地区（那里的森林毁于战火），应该充满干劲和决心推进重新造林，就像目前的古巴那样。

其中许多变革只能由政府来实施，主要的责任都在政府身上。但许多权力掌握在企业手中（如能源供应商、汽车制造商和航空公司），它们不能逃避自己的那份责任。然而，个人和家庭的作用也是不可或缺的，他们可以树立榜样、签署请愿书、发表意见，也可以向公司和政府施加压力，要求它们充分发挥自己的作用，并制定采取激进行动的政策。事实上，本书的大多数读者都可以发挥这种作用。

气候工程

人们越来越多地讨论减少大气中二氧化碳（消除二氧化碳，缩写为CDR）的方案，或将太阳能反射回去（太阳辐射管理，缩写为SRM）的方案。有些消除二氧化碳的方案是无害的，比如种植更多的树（这里和第五章都称赞过这种做法），把屋顶涂成白色以防止吸收太阳辐射。而且，可以通过把生物炭（由生物质做成的木炭）埋入土里来改善土质并防止碳循环。或者，也可以改变植物的基因来增加它们的碳捕获能力。还可以通过化学手段从空气中消除碳（直接从空气中捕获碳）。其他形式更值得怀疑，例如将铁屑撒满海洋，以促进藻类生长（从而吸收海洋里的二氧化碳）。但这将威胁海洋生态系统。这样做还有一个危险，那就是把海洋变成鲜绿色。 117

各种消除二氧化碳的无害做法有一个问题，即它们的周期长，不太可能有立竿见影的效果。这才促使一些技术人员要么采取更激进的方式来消除二氧化碳，要么在平流层放置阳光反射气溶胶，这是一种太阳辐射管理形式。

放置这种气溶胶最初是作为减缓气候变化的补充措施而被提出来的，但偶尔也有人建议将它作为解决碳排放增加问题的办法。它相对廉价，单个国家也可以着手，而不用等待全球协议。然而，含硫的气溶胶会使大气酸化，而且也会加剧海洋的酸化，而海洋的酸化已经是一个问题了。而且，一旦放置过程开始，暂停放置将导致大气中碳浓度迅速增加，因此放置可能必须无限期地继续下去。天空的颜色可能会永远被改变。

另一种建议的太阳辐射管理形式就是“海洋云增亮”，即用海盐这样的材料对海洋云加以处理后，它们可以反射回比现在更多的阳光。但这一过程会进一步导致气候变化，尤其是会增加降雨量。如果要冒（比如说）改变季风周期的风险，也许我们
118 应该三思。

因此，应该尽可能避免实施气候工程，除非采取种植树木和给房顶涂色这样的无害形式。一个或另一个大国有可能会着手气候工程，这可以作为另一条理由来说明，为什么应该尽可能有效且尽早地就减缓气候变化达成全球协议，以便阻止这样的技术解决办法付诸实施。

采取气候行动的理由

尽管可以很容易地以当前一代人的自身利益为理由采取行动来应对气候变化，因为他们每天都遭受空气污染的侵害，但还有很多进一步的理由。在我写作本书的时候，就有很多人因为海平面上升而被迫流离失所；同时，越来越多的人已经成为日益频繁和强烈的飓风、荒野火灾和干旱的受害者。我们也不能指望从这些令人担忧的趋势中得到喘息。如果我们做得太少，下一代就会经历更严重的破坏，他们的后代要经历的甚至更糟糕。因此，即便持人类中心主义立场的读者（包括社会生态学家）也

有充分的理由参与推动气候行动的运动。

然而，生物中心主义者还有更多的理由，正如他们有理由保护更多的物种一样。气候变化正在破坏生态系统，并以惊人的速度导致物种灭绝。其中有些物种如果在未来几十年不因人类而灭绝的话，它们能够在我们的星球上活得比人类更久。因此，气候变化实际上影响到人类留给后人类时代的生命遗产。

与此同时，气候变化打击着对人类有用的物种，也打击着缺乏这种工具价值的物种，但这些物种的持续繁盛有其自身的价值。地球的管家有义务关心这些物种，让它们继续生存，只要通过一些政策以便让它们在不受人类影响的情况下过自己的生活就可以了。持续的气候变化有可能会让新物种逐渐形成，但是现有物种的大量毁灭，以及这一过程引起的风险的恶化，使得我 119
们有生物中心主义的理由采取气候行动，并保护栖息地。

也许可以反驳说，“收缩与趋同”的进路及其对立进路都不恰当，都是以人类为中心。因为除了人类以外，非人类的生物显然也需要使用大气。家养动物（包括农场的动物）的排放量显然也必须包括进其主人有权排放的数量里面，不应该被忘记。不过，野生动物也不能被忽略。

在计算人类可以排放的总量时，减缓气候变化的计划显然需要把野生动物的排放量也考虑进去。这样，这些计划就可以避免被指责为人类中心主义了。幸运的是，绿色植物和树的光合作用超过了它们呼吸所排放的量；种植的树越多，缓解气候变化越有希望。尽管生物中心主义者可能欢迎这种贡献，但每个人都需要将它考虑进去。

由于《巴黎协定》依赖于国家的承诺，所以这些承诺中的每一个都需要把相应国家的野生动物的排放量考虑进去，也要把农业和林业可预见的变化趋势考虑进去。更富裕国家的贡献还应该包括为发展中国家的森林与湿地保护提供补贴。因为无论是生物多样性的未来，还是剩余的森林在防止大气碳增加方面的作用，都取决于这样的贡献。

气候变化作为一个至关重要的环境伦理学问题

尽管环境伦理学的创立者们并没有设想过1990年左右发现的那种由人类造成的气候变化，但气候变化是他们提出的问
120 题的典范。因此，理查德·劳特立关于非人类中心主义伦理的提议，以及他关于核能发电对未来世代的影响的著作，与当前环境伦理学为了非人类和未来世代而缓解气候变化的关切相呼应。

阿恩·奈斯提倡注意发展中国家的需要、未来人类的需要以及非人类物种的需要，而这种观点在当代关于环境的讨论中已经成为主流。同样，霍尔姆斯·罗尔斯顿将生态学上的“应该”建立在健康生态系统的价值基础之上，在任何关注于保护森林、湿地、河口和珊瑚礁免遭污染的地方和关注气候变化的地方，他的观点都得到了更加广泛的接受。

而且，气候变化向我们表明，无论是自然还是环境都不能被看作既定的，更不能看作静态的。尽管它们不断变化的系统受到人类行为的影响，但人类生活本身仍然依赖于它们相对完整的功能。而且，哪怕可以忽视未来世代，气候变化也使得这种忽视不仅是不明智的，也肯定是违反常情的。采取行动拯救环境以免它恶化与污染（比如全球变暖），这既是伦理原则和道德美

德的要求，也是促进最佳结果的需要。

可持续发展和生态保护都依赖于在气候变化问题上采取强有力的行动，既包括个人的行动，也包括政府的行动，既包括地方性的行动，也包括全球性的行动。深生态学、生态女性主义、社会生态学、环境正义运动和绿党尽管有分歧，但可以（且必须）联合起来支持这样的行动。犹太教、基督教和伊斯兰教中支持托管论的人无论是不是人类中心主义者，都需要支持这种行动，就像世俗意义上的托管论的支持者以及试图保护地球及其圣地的其他宗教的支持者一样。因为这个星球及其所有物种的未来都岌岌可危。

索　引

（条目后的数字为原书页码，
见本书边码）

A

B

C

D

E

F

G

H

I

J

K

L

M

N

O

P

Q

R

S

T

U

V

W

Robin Attfield

ENVIRONMENTAL ETHICS

A Very Short Introduction

Contents

Acknowledgements

Thanks are due to Cardiff University Institute for Sustainable Places for facilitating the composition of this book, and to one of their visiting speakers, Hilary Graham, for bibliographical assistance relating to the work of her research team. Likewise I would like to thank Jonathan Helfand for help in tracking down a chapter of his, and to the staff of Oxford University Press, and to Jenny Nugée in particular, for assiduous assistance with many aspects of the preparation of this book. Thanks are also due to Matthew Quinn of Sustainable Places for commenting on drafts of some chapters and to the Cardiff University technicians for sorting computer-related glitches.

Special thanks are due to two anonymous OUP readers, one for comments as first drafts of the successive chapters emerged, and the other for comments on the manuscript as a whole and for several suggested paragraph-length redrafts, some of which have been adjusted and adopted. I am also grateful to the authors of the endorsements (which appear on the back cover of the book).

Thanks go too to the people with whom I have written joint papers during the period when this book was emerging: Rebekah Humphreys, Melissa Beattie, and Kate Attfield. As ever, my biggest debt is to my wife, Leela Dutt Attfield, without whom this entire project would have been inconceivable.

List of illustrations

Chapter 1
Origins

Environmental problems

Nature is disappearing fast, or so we are led to believe. Fewer whales swim the oceans. Fewer tigers stalk the Sundarbans of Bengal. Many coral reefs are bleaching, putting their polychrome communities at risk. The habitats of orang-utans in Sumatra and Borneo are threatened. Freak hurricanes blight the Caribbean and shred its trees. Closer at hand, garden birds and butterflies are dwindling in number. In Britain, even bluebells and Wordsworth's wild daffodils are said to be endangered. What, we may wonder, is going on?

The natural world has long ceased to be a reliable backdrop to human life, unaffected by human activity. For many centuries we have been changing it, through hunting and farming, through building, mining, and engineering, and through travelling and trading. We may still think of it as our unceasing, enduring environment, unchanging as the stars above us, but the environment that our grand-children inherit will be vastly different from that of our early ancestors, and even from the environment we were born into ourselves. We can no longer take it for granted, even if we ever could.

Because of human impacts on the world of nature, many people call the present age 'the Anthropocene', coining this term to echo geological ages such as the Eocene and the Pleistocene. What they mean is that human impacts have become predominant over the whole surface of the Earth.

They fail to agree about when this age began. Did it begin with the invention of ships, with the industrial revolution, or with the world wars of the 20th century? There is no agreement either on whether this means that it is too late to preserve the natural world, whether we are free to remould the face of the Earth as we please (for a version of this view, see the section of Chapter 6 on social ecology), or whether we should use our knowledge and technology to restore tracts of the world to their pre-human

1. Our planet, as seen from the depths of space (courtesy of NASA). We have no other.

condition. But they agree that humankind has become one of the main influences on the face of our planet. (See Figure 1.)

Deforestation and soil erosion are among ways in which people have changed the natural world. Alongside positive developments such as the building of cities, others include the loss of numerous species, the growth of deserts, the depletion of resources, pollution, and, as we have discovered in recent decades, climate change. These processes used not to be regarded as environmental problems, because nature appeared inexhaustible. Problems only come to be recognized as such when they are seen to involve avoidable harms, and when ways can be envisaged to solve or at least alleviate them, as John Passmore has sagely remarked in *Man's Responsibility for Nature*.

Among philosophers, Plato (in his dialogue *Critias*) was one of the earliest to be aware of soil erosion and deforestation, but he was untroubled by these developments, as was his disciple Aristotle, who, in his *Meteorologica*, depicted nature as permanent and fundamentally unchanging. It was not until the 19th century that people like George Perkins Marsh, in *Man and Nature* (1864), came to regard nature as significantly vulnerable to human activity, and at the same time human life as vulnerable to nature and its changes.

The 20th century saw the rise of ecological science, and the related study of nature as composed of interacting natural systems, but the case for preserving systems such as rivers and forests had to await the publication of Aldo Leopold's *A Sand County Almanac* (1949). Leopold advocated extending ethics to encompass ecosystems, but philosophers and ethicists (Leopold was neither of these) remained unimpressed. What may have served to change the atmosphere was Rachel Carson's work *Silent Spring* (1962), with its disclosure that pesticides such as DDT (dichlorodiphenyltrichloroethane), used in Europe, were now to be found in the flesh of Antarctic penguins.

Another factor was the spectacle of defoliation used by American forces during the American intervention in Vietnam (1961–75), with its implicit attempt to embark on biological warfare and to sequestrate or even eradicate the natural world of central Indo-China. The new awareness of the unexpected side-effects of human impacts on the environment, and how human action can imperil whole species and ecosystems, emboldened ethicists to redirect their focus to environmental issues.

The emergence of environmental ethics

Philosophical ethics had for some decades held back (at least in the Anglo-Saxon world) from reflection on practical issues, focusing instead on the analysis and the meaning of concepts. But from the 1960s new issues in medicine (such as experimentation on human subjects and the requirements of informed consent) brought a new lease of life to the ancient sub-discipline of medical ethics, and the spread of nuclear weapons rekindled reflection on the ethics of war.

The stage was thus set for the emergence in the early 1970s of environmental philosophy and ethics, and related attempts to apply philosophy to environmental concepts and problems. Up to the start of the 20th century, philosophy had always been understood as applicable to practical issues (think of the political philosophy of Plato, Aristotle, Spinoza, Locke, and Kant). The various branches of applied philosophy now set about rescuing this longstanding tradition and bringing it back to life and vigour.

At a World Congress of Philosophy held in Bulgaria in 1973, Richard Routley (later Sylvan), an Australian philosopher, gave an address entitled 'Is There a Need for a New, an Environmental Ethic?' His answer to this question was emphatically affirmative. He took the traditional Western view to be that only human interests matter, and that we humans may treat nature as we please. He rejected this view on the basis of thought-experiments.

For example, if 'the Last Man', a survivor of a nuclear holocaust, lays about him, eliminating, as far as he can, every remaining living being, animal or vegetable, what he does would be permissible for the traditional view, but in most people's intuitive judgement his action is to be condemned as wrong. Such thought-experiments (several were presented) disclose, Routley argued, that there is a growing environmental ethic at odds with the traditional view, and one which better responds to the assaults of human beings on the natural world. We should thus reject the human-interests-only stance (soon to be called 'anthropocentrism'), and adopt a stance for which other living creatures matter as well.

One widespread response to Routley's thought-experiments is that they concern such extreme and exceptional circumstances that people's intuitive judgements about them cease to be reliable, let alone indicative of the principles that we need. Critics suggested that, when judging the deeds of the Last Man, we inadvertently smuggle back into the scenario assumptions that fit more normal cases. We assume (they say) that other people or future people will somehow suffer from his behaviour, even though Routley's scenario was devised specifically to exclude all this.

Yet Routley could reply that he needs to supply a scenario of this kind to allow us to make judgements about a case where there are no remaining human interests (the Last Man, we may imagine, is shortly going to die himself), and where the only interests at stake are those of non-human animals and plants. Besides, he could insist that even in cases where it is clear that no human interests remain at stake, most people still consider it wrong to destroy other living beings.

So Routley's argument against anthropocentrism and in support of a new environmental ethic was widely found to be persuasive. At the very least it seemed to show that non-human animals should be taken into consideration in human decision-making. And if his thought-experiment were adjusted to exclude the remaining presence of animal interests (if, say, all animals in the vicinity had been killed by the same nuclear holocaust), the widespread judgement that the Last Man would be acting wrongly in destroying, as far as he could, the surviving plants could be held to suggest that the good of plants should be regarded as mattering, from an ethical perspective, alongside that of non-human animals and human beings.

But was Routley right in his characterization of Western traditions? He was responding to a depiction of the Western tradition by John Passmore, whose book *Man's Responsibility for Nature* was published the following year (1974). Passmore held that the majority view was human-centred and involved no ethical restrictions on the treatment of nature.

Yet he also recognized two minority traditions. In one of these, human beings are stewards or trustees of the world of nature, and responsible for its care (hence the title of his book, *Man's Responsibility for Nature*)—and, in religious versions of this tradition, answerable for their stewardship to God. In the second tradition, the role of human beings is to enhance or perfect the world of nature by cooperating with and bringing out its potential. Both these 'minority' traditions were held to have ancient roots and a long history in Western culture, and thus Passmore's suggestion was that the development of an environmental ethic need not involve a complete rejection of these traditions, which are richer than is often recognized, but can rather involve moving towards these other traditional stances.

For his part, Routley maintained that Passmore's 'minority' views were fundamentally human-centred themselves, and, because they supposedly fail to take into account non-human interests, need to be rejected and superseded. But these claims can be contested; for there is evidence that both of Passmore's 'minority' traditions were widely held and advocated in the early centuries of Christianity, and are thus hardly minority traditions at all. Equally, they can be interpreted (and have long been interpreted) in ways that recognize the ethical importance of non-human interests as well as the interests of human beings. (Much of this evidence had already been assembled by Clarence Glacken: see Chapter 7.)

Routley's contribution, then, was an important one with regard to the kind of ethic required, but his narrow view of Western traditions and their resources needs to be taken with a considerable pinch of salt. Many of the saints, for example, were prominent in treating animals, both wild and domesticated, with concern and kindness; so a broader view of Western traditions could well be preferable.

Naess and Deep Ecology

In the same year as Routley's World Congress address, the philosophical journal *Inquiry* published another ground-breaking paper, this one by the Norwegian philosopher Arne Naess, 'The Shallow and the Deep, Long-Range Ecology Movement. A Summary'. Naess contrasted two kinds of ecology movement.

The shallow kind is concerned with human interests of the next fifty years or so, and in particular with those of the people of developed countries. By contrast, the deep kind is additionally concerned with the good of the people of developing countries, with the long-term future, and with non-human species, affirming their 'equal right to live and blossom'. Naess recognized the practical need for some harvesting and killing of animals and plants if human life was to continue, but still adhered in principle to what he called 'biospherical egalitarianism' or the equal entitlement of all species to live their own way of life.

Naess's advocacy of the Deep Ecology movement involved support for a broad platform of stances (for such broad inclusiveness is part of what he meant by a 'movement'), including biological diversity. (By 'biological diversity' he will have intended promoting or preserving as full a range as possible of species, sub-species, and habitats.) He regarded the cultivation of such diversity as life-enhancing, probably having in mind its fostering of non-human life and enriching human life simultaneously.

At the same time cultural diversity was commended too, together with opposition to inter-human oppression such as exploitation through economic advantage or the power of class. Pollution and resource-depletion were to be contested, not just local forms affecting developed countries, or ones ignoring wider, global perspectives. The central value was self-realization, or the fulfilment of the potentials of organisms of every kind.

While others might focus on different values from those just mentioned, Naess's approach has much to offer, not least its stress on self-realization and its globally inclusive scope. But his 'Deep Ecology' platform also includes some controversial claims, including his account of personal identity.

For Naess, my true self is not confined to my physical body, but (because everything is connected to everything else) extends to the whole of nature. It is this extended or greater Self that I am (supposedly) obliged to defend. But this move seems to take identification far too far. Besides, many people find that tracts of nature are well worth defending even if they do not identify with nature in this way. For there are plenty of other motivations, such as respect, admiration, and wanting our successors to be free to appreciate the same scenes as ourselves.

More worryingly, the 'Deep Ecology' platform advocated a significant reduction of the human population. This tenet was thought to be needed to allow room for the continued flourishing of other species. But it also led some of Naess's followers (though not Naess himself) to welcome catastrophes like famines, and the consequent decrease in human numbers they were expected to bring. Others were inclined to reject any platform capable of carrying such implications. We should perhaps respond to the 'Deep Ecology' platform cautiously and selectively.

Rolston's contribution

Another striking foundational contribution to environmental ethics was Holmes Rolston III's early essay 'Is There an Ecological Ethic?' (1975). Rolston (an American philosopher, now widely regarded as the father of environmental philosophy) was concerned to explain why we ought, for example, to recycle, and thus how to get from facts and scientific laws to conclusions that hinge around an 'ought', particularly those of an ecological kind.

The problem of justifying statements with an 'ought' at their centre was a longstanding one, drawn to attention in the 18th century by the philosopher David Hume. But Rolston was able to suggest more than one solution for the recycling example he had selected. A first possible solution is that (ultimately) human life depends on recycling (through life-supporting ecosystems being maintained), and that human life is itself valuable. This approach makes recycling a matter of fostering human interests, and (Rolston would say) embodies humanist rather than ecological values. However, Rolston's preferred solution instead says that we should recycle because this promotes ecosystem integrity, and ecosystem integrity has value in itself, or intrinsic value.

Much could be said to elucidate the notion of ecosystem integrity. It may suffice to say that this would involve healthy, functioning ecosystems, both incorporating and supporting interacting living organisms and their cycles of life. Here, Rolston's thinking evokes echoes of Leopold's earlier advocacy of maintaining the integrity, stability, and beauty of the biosphere.

But Rolston was also drawing attention to the need for environmental ethics to adopt an understanding of value that does not stop short at what is valuable merely as a means (like money and resources), and instead goes on to identify what is valuable for its own sake. A fairly uncontroversial example of something valuable for its own sake is health.

Nearly everyone takes it for granted that something or other is valuable for its own sake. Very few people seriously believe that nothing at all has this character. Rolston's distinctive suggestion is that an ecological ethic might stand out from other approaches to ethics through finding what is fundamentally valuable not only in human fulfilments, but also in non-human lives or well-being, or perhaps in the biological systems of which they are part.

One common feature of the contributions of Routley, Naess, and Rolston was their rejection of a human-interests-only or 'anthropocentric' approach to ethics. Here many readers may wish to sympathize, at least tentatively.

Yet the issue soon arose of whether you can study environmental ethics at all if you endorse such an anthropocentric approach, or whether you are disqualified before you begin. But subjects of study should not be defined by ideological stances, and in any case one of the reasons for environmentally friendly activities like recycling could well be that they benefit human beings.

So, while many of us may wish to support one or another ampler and broader value-theory than anthropocentrism, it would be wise not to banish anthropocentrist thinkers from the community of environmental ethicists, and certainly not to exclude them by definition. Such thinkers often call themselves 'pragmatists', and some, such as Bryan Norton, have actually made important contributions to this field.

Themes and issues arising

One issue raised by these early thinkers was the question of which beings matter where ethics is concerned, and should be taken into account when decisions are being made. To use different language, this is the question of the scope of moral standing.

One cogent answer to this question has been supplied by Kenneth Goodpaster: whatever has a good of its own and can be benefited. For bestowing benefits is central to morality. In other words, all living organisms have moral standing. Stances of this kind have been called 'biocentric', in emphatic contrast to the 'anthropocentric' approach of some traditional views. Another kind of answer will be mentioned shortly.

A further issue concerns whether, and how much, future interests count. (Naess's essay in particular raises this matter.) Aristotle thought that including these interests would make ethics too complicated. But the effects of modern technology are often foreseeable, and it would be irresponsible to utilize this technology while ignoring them. So the future impacts of current actions should be taken into account where they can be foreseen. In this context, Hans Jonas has argued (in *The Imperative of Responsibility*) that the newly enlarged range of impacts of human behaviour on future generations and on non-human species requires reconfiguring our conception of ethics itself.

Yet most economists believe in discounting future goods and bads so that they count for less than present ones. They have some good reasons, because (for example) some future impacts are uncertain. But philosophers have tended to respond that discounting should be limited to cases where these reasons can be seen to apply, and not applied across the board, or blanketwise. Future injuries and future pollution will be just as bad as present cases, and, when foreseeable, should be treated just as seriously.

Another issue, raised seminally by Rolston (and touched on already in the previous section of this chapter), concerns what has value not as a means (or instrumentally) but in itself (or intrinsically). Things of this kind will be what give moral 'oughts' their point. One possible answer is the flourishing of human beings. But if we accept that other living creatures also have moral standing, then the flourishing of these creatures must be seen as having intrinsic value as well.

Some philosophers have reservations about the very concept of intrinsic value. But if anything has value of any other sort, then something must have intrinsic value (value that is not derivative from something else). For if nothing had such value, then nothing would have value at all. And while human happiness or flourishing is usually agreed to be one such 'something', reflection on the themes discussed in this chapter (for example on Routley's Last Man thought-experiment) suggests that most of us assume that the flourishing of other creatures is another such 'something'.

One final issue concerns the question of the grounds for preserving species and ecosystems. Some environmental ethicists suggest that these entities must be held to have intrinsic value themselves, a stance called 'ecocentrism'. We do seem to attach greater importance to preserving the last members of a species than (like numbers of) members of unthreatened species; and this tendency could be predicted if ecocentrism is correct. But it could instead be due to the moral standing and intrinsic value of future species-members, the existence of which depends on the survival of current ones. So biocentrism can answer this question too. Similar reasoning is relevant to ecosystems.

Anthropocentrism can also answer this question, but only for species and ecosystems that are beneficial to humanity. Arguably, though, many are not. Does this mean that there is no case for preserving them? The answer to this question may allow you, the reader, to discover where you stand yourself in matters of environmental preservation.

Chapter 2
Some key concepts

Nature

In this chapter, the focus is on key concepts, widely held pivotal to thinking about environmental ethics, as well as other ethical fields. I begin with the concept of nature, ways in which people seek to relate nature to human behaviour, and attitudes both to the nature that surrounds us and to our inner nature too.

Are human beings apart from nature or simply part of nature? If we are simply part of nature, we could reason (as some people do) that whatever we do is natural, and (they sometimes add) therefore beyond criticism. But this would make ethics redundant (and environmental ethics too), for whatever we may do would be both natural and right.

However, if human beings are distinct from nature, it seems to follow that we cannot have evolved from natural creatures, and that they are not our kin (contrary to Darwinism). It may seem to follow that nature is an enemy to be overcome. It even seems to follow that we do not have a nature, and may be moulded, with no harm done, into whatever way of life the authorities may prefer (as totalitarians sometimes claim).

To avoid these unwelcome apparent implications, we need to clarify the concept of nature. Thus if 'nature' or 'natural' means whatever is not supernatural, then human beings are clearly natural. But this does not mean that their behaviour is exempt from ethical standards, nor beyond criticism. Human behaviour might be beyond criticism if it were in all respects biologically determined, but that would bring in quite a different (and a highly questionable) sense of 'natural', not implicit in being natural in the sense of 'non-supernatural', and one that would need to be argued for rather than assumed.

Another sense of 'natural' (and, like the previous one, highlighted by John Stuart Mill) contrasts 'natural' with 'artificial'; what is natural is not significantly affected by human choices or culture. In this sense, tropical rainforests and spiral nebulae may be natural, but cities and motorways are not, and neither is art, cookery, or sport. Much human life will not be natural (in this sense), because most people have human upbringings and education.

But nothing follows about human beings not having evolved from or not being dependent on other organisms. Nor does it follow that we have no inherited nature, or that we cannot be harmed by authoritarian attempts to mould our lives. Much less does it follow that nature is something that human beings should conquer or subdue; being ourselves dependent on natural (or non-artificial) organisms and forces, we would, by pursuing this goal, be striking suicidally at systems on which our own lives and our children's depend.

Our having or not having a 'nature' brings in yet another sense of 'nature', not related to being either non-supernatural or to being non-artificial. In this sense, our nature is our make-up or what it is that makes us what we are, and what is natural consists in the characteristics that this involves. Our well-being depends on not being subjected to unnatural factors, such as excessive stress, where 'unnatural' contrasts with this sense of 'natural'. Since this is a different sense of 'nature' from the others, no one can argue that, because little of human life is natural (in the sense of non-artificial), human beings lack natures or can be treated just anyhow on this basis.

So we need to be as clear as we can which sense of 'nature' or 'natural' we are using. The weird conclusions of the second and third paragraphs above are only reached by switching senses in mid-stream. Like everyone else, environmental ethicists (and readers of this book too) need to avoid confusing or conflating different senses. That is the way to avoid (so to speak) 'cruel and unnatural' conclusions, not least about nature.

The suggestion is sometimes made that what is valuable and to be aimed at is simply what is natural, in the sense of non-artificial. This suggestion has the merit of finding value in non-human nature, and thus avoiding anthropocentrism. But at the same time it fails to distinguish between living creatures on the one hand and inanimate entities on the other; for it is implausible that the latter (rocks and the like) have value on the same basis as plants and animals. It also appears to disown the value of human art, workmanship, and creativity, for all of these turn on human culture and artifice. Accordingly a more discriminating understanding of value seems to be needed. This is returned to later in this chapter.

But it should be added that when people talk of 'nature' (and threats to it) they often mean 'wildlife'. They have in mind issues like the endangered status of species such as the turtle-dove and the corncrake in Britain. (See Figure 2.) Here specific explanations, such as the use of agro-chemicals, can be suggested; if so, better farming methods may offer a remedy. But many problems of species extinction or attenuation are ascribable to global warming, an issue to be discussed in Chapter 8. As long as the sense in which 'nature' is being used is clear, then relevant problems can begin to be understood and addressed.

2. Agalychnis annae: an endangered tree-frog from Costa Rica; a threatened species on the IUCN Red List. Imagine a world without them.

It is sometimes suggested, however, that we ought to follow nature or live in accordance with it. The usual suggestion here is partly to imitate the processes of nature, and partly to follow our instincts and genetic tendencies, with as little artifice as possible.

John Stuart Mill gave a scathing reply to suggestions of this sort. The operation of nature is often merciless and unrelenting, especially towards sick and vulnerable creatures, and it is a great achievement of human civilization to have abandoned such a way of life.

It could be added that desirable social policies of the kind that many environmentalists would welcome, such as ecological education and conservation, depend on the exercise of conscious human choice, and thus on *not* letting nature take its course. When it comes to art, there is often a case for imitating nature, and when it comes to pest control, there is often a case for borrowing or imitating natural processes rather than using ecologically disruptive chemicals. But in matters of general ethical guidance, following nature is seldom the best course.

Ancient Stoicism was an influential ethical system which advised humanity to 'follow Nature'. But since nature as a whole is such a vast degree greater and more powerful than ourselves, the Stoics concluded that what 'following Nature' turns out to mean in practical terms is ceasing to try to control the events in our lives and focusing instead on controlling our feelings about them. For the events of our lives (as opposed to our feelings) were supposed to be determined by nature, and to lie beyond our control. This granted, the resulting moral law of self-control was held to be both natural and reasonable, and to apply universally, regardless of local ties and loyalties.

This Stoic universalism was in many ways an admirable view of morality. But the Stoics' attempt to take nature as the guide to principles of human conduct, combined with their circumscribed view of human freedom, was unable to inspire improved social arrangements (let alone goals such as conservation), and tended to advocate compliance with the status quo instead. Indeed this failure illustrates the severe limitations of attempting to reason from nature (or from human nature) to practical ethical principles for human conduct. (Nevertheless, Carmen Velayos Castelo and Alan Holland have each recently advanced more positive attempts to synthesize Stoicism and environmentalism.)

Certainly our nature is what facilitates reasoning in the first place. Yet sooner than reasoning from nature to morality, it is better to reason instead from the holders of moral standing (discussed later in this chapter), and their well-being and needs. But first we need to reflect on environmental problems and, to do that, on the concept of the environment itself.

The environment

Environmental problems are problems arising from human interactions with the natural world. They include pollution, depletion of resources (including fresh water and fish-stocks), degradation of land, loss of biodiversity (cultivars, wild species, and habitats), and global warming. Different understandings of such problems turn on what we consider valuable. But people also diverge in their understanding of what is meant by 'environment'.

Most obviously, an environment consists in the local surroundings (natural or otherwise) of a person or community. But many environmental problems extend across environments in this sense, and so this cannot be the only sense of 'environment'. Besides, not all such environments are worth preserving, and some, rather than falling foul of environmental problems, are the products of environmental problems themselves (think of the Dust Bowl region of the American prairies in the 1930s). Environmental concern clearly has some further focus.

By contrast, some thinkers and writers regard someone's environment as what that individual perceives as her native setting, the familiar nooks, crannies, and pathways of home territory, to which people are committed with a 'pre-ethical' commitment before we embark on any kind of ethical reflection. But not everyone has an environment in this sense, since many people lack a sense of being at home in the place where they find themselves (or in any other). Besides, environmental concern often arises for environments that we adopt rather than those we are born to. Indeed much environmental concern relates to widespread or even global problems, and thus transcends what individuals may regard as their home territory or patch.

The concept of 'environment' has also come to be applied to the objective system or systems of nature, such as mountains, valleys, islands, oceans, and continents, and the natural cycles and processes that shape and reshape them. The environment (in this sense) encompasses local environments and transcends environments in the 'home territory' sense. Indeed local environments and perceived environments could not exist but for the natural cycles and processes that make them what they are. This is the sense of 'environment' used in this book, except where contrary indications are given.

The environment (in this sense) is far from invariably hospitable. In many places it has also suffered from human exploitation or neglect, some areas having become deserts, and some seas having almost disappeared (think of the once fertile lands beside the Aral Sea in central Asia, and of the Aral Sea itself). Yet the environment still makes possible much of what is valuable in our lives, and the lives of our descendants will almost certainly depend on it. While there are other reasons for environmental protection, these are some of the central reasons why we should care for our shared surroundings, the natural environment of our planet.

If environments were invariably local, the existence of global rather than local *environmental* problems would be hard to understand. As things are, besides local environmental problems, such as flooding from local rivers, there are also global ones. Some are global because of their recurrence all over the globe; an example is traffic congestion. Others are systemic, arising from human impacts on global systems. Examples include acid precipitation, ozone depletion, and global warming.

Only through the concept of the environment as an objective natural system can we make sense of such environmental problems in the first place, as Nigel Dower has argued. Our having this concept opens the way to addressing these problems. Fortunately, ozone depletion is being tackled and, it seems, solved as a result of the internationally agreed Montreal Protocol on Substances that Deplete the Ozone Layer (1987); this offers the hope that the others can be tackled as well.

Moral standing

We can now turn to the concept of moral standing. As we have seen in Chapter 1, the question of moral standing concerns which beings matter where ethics is concerned, and should be taken into account when decisions are being taken. Much turns on the answer to these questions for our understanding of ethics in general and of environmental ethics in particular, because different ranges of affected entities will be given consideration. Goodpaster's own answer, that moral standing belongs to whatever has a good of its own and can be benefited, now needs to be developed further.

Goodpaster in fact wrote not of moral standing but of 'moral considerability', although these phrases have now become interchangeable. This was because he wanted to answer a question previously raised by Geoffrey Warnock, concerning the conditions of 'having a claim to be considered', considered, that is, 'by rational agents to whom moral principles apply'. If something should be considered, then it can be said to be 'considerable' (in a sense that has nothing to do with its size or extent). But what is more important than the language used is that such things deserve moral consideration in the sense of deserving (in Goodpaster's words) 'the most basic forms of moral respect'.

Here Goodpaster investigates whether these things are simply the holders of (moral) rights. Certainly everything that bears such rights will be morally considerable (or have moral standing). But the converse may not be true. Thus many people deny that non-human animals have moral rights, but few deny that it is wrong to treat them cruelly, or to neglect those that are subject to human care. So moral standing can be held to belong to something whose rights are in doubt, or at least not universally agreed. The notion of rights turns out to be narrower and more demanding than that of moral considerability.

The example of non-human animals is relevant in another way. Goodpaster raises the question of moral considerability partly in view of concern about the environment and its living constituents. While some might be inclined to assume that only human beings are morally considerable, environmental concern, he suggests, requires a broader view, for which the other living creatures of the planet count as well, not least non-human animals.

To vindicate this view, he considers possible criteria for being morally considerable. Being rational cannot be necessary, or human infants would be excluded, together with most non-human animals. But being sentient (having feelings) seems not to be necessary either. For many creatures are capable of well-being and of flourishing even in the absence of sentience.

The criterion that Goodpaster favours is that of having a good of one's own (that is, having interests not deriving from those of other creatures); for all such things can be benefited or harmed, depending on whether their good is advanced, preserved, or subverted. Besides, beneficence (or fostering the good of other beings) is central to morality, and so it is appropriate for all objects of beneficence to be recognized to have moral considerability. Here, Goodpaster's reasoning seems to be importantly right.

But, as was foreshadowed in Chapter 1, acceptance of this criterion means that moral considerability (or moral standing) belongs to all living creatures; and this is Goodpaster's main conclusion. Probably he had in mind the living creatures of the present. But if we bear in mind that future living creatures will equally have a good of their own, and are or will be liable to be affected by current moral agents, the implication is that future living creatures are morally considerable too.

Including this huge range of creatures among the bearers of moral considerability may appear to stretch the bounds of morality unduly, and at the same time to make the moral life impracticable. But Goodpaster anticipates this apparent problem, by making a key distinction between moral considerability and moral significance. The moral significance of a creature concerns its moral weight, and thus the degree of consideration that it deserves, relative to others. But this is a separate issue from whether it warrants moral consideration at all in the first place.

The moral significance of (say) a tree may be slight, and insufficient to outweigh that of a sentient creature (such as a bird or a squirrel). So recognizing the moral considerability of a creature does not oblige us to prioritize it. Nor does it confront us with myriads of apparently impossible choices when there are conflicts of interest between several creatures which are all bearers of moral considerability. What makes such choices possible are the different degrees of moral significance of the different creatures that we encounter or affect. The wide scope of moral considerability, however, is fully consistent with such differences of moral significance.

In other words, recognizing the moral standing of living creatures does not make moral decisions impossible, or morality impractical. Instead, it enriches our understanding of the context of action and of moral decision-making, and redirects us to include in our deliberations our impacts on living creatures of other species as well as on human beings.

But to accept the moral standing of all living creatures is to endorse a 'biocentric' stance (mentioned already in Chapter 1), or biocentrism. Biocentrism is a life-centred ethic, and holds that all individual living creatures have moral standing.

There are some biocentrists (such as Paul Taylor) who hold that all these creatures have equal moral worth. But this view conflicts with that of Goodpaster, who holds that they have differing degrees of moral significance. This position of his does not, however, discard all considerations of equality; for it is consistent with the principle of Peter Singer that equal interests should be given equal consideration. (Different creatures have different capacities and interests, but where similar interests are held, equal consideration should be given.)

Adherents of biocentrism (biocentrists) need not deny moral standing to organized groups. For example, most people accept that companies and countries have moral rights and at the same time moral responsibilities. If they did not, then they could not be held to have responsibilities to uphold environmental standards. But, this being so, they must be held at the same time to have moral standing; and biocentrists need not say otherwise.

At times, however, Goodpaster shows signs of going beyond biocentrism and recognizing moral considerability in species and in ecosystems. The issue here is whether these entities have a good of their own, and should be regarded as living beings themselves. While Goodpaster seems half-inclined to accept all this, most people are not prepared to go this far. So biocentrism is normally held to apply to those who accept the moral standing of individual living creatures, and not that of species or ecosystems. The view that species and/or ecosystems have moral standing as well as individual living creatures carries the distinct name of 'ecocentrism'.

Biocentrists and ecocentrists each have characteristic stances about where intrinsic value is to be found, as (come to that) do anthropocentrists. But before we can get to grips with such matters, or with other questions about value (intrinsic or otherwise), we need to consider the key concept of value itself.

Value

Things are valuable when there are reasons to promote, preserve, protect, or respect them. So discovering that something has value means that we have reasons for positive attitudes and actions in its regard. And when we understand something's value and have such reasons, we can go beyond issues of moral standing to issues of deciding what policies we should adopt and what forms of action we should take.

Some people suggest instead that value simply belongs to whatever is valued. But this view disregards the need for there to be reasons for valuing whatever is valuable. Indeed much that is valued has either low or negligible value, and has only been valued as a result of a passing fashion or through misplaced advertising. Further, much that is valuable is not yet valued, in many cases because it is a valuable creature that has not yet come to people's attention (or been discovered at all), or a valuable work of art that has not yet been properly exhibited or performed. Things can thus be valuable without being valued; there will be reasons for valuing them, but reasons are not always noticed or heeded.

It is sometimes objected that to stress value is to appeal to financial or economic considerations, and that forms of environmental ethics based on value must therefore be commercializing distortions. But to object in this way is to focus on just one kind of value, and ignore the others.

Money, admittedly, is useful because of its exchange value; but it lacks the kind of value that belongs to a panorama or to a sunset, or the kind that belongs to health or happiness. Its value is instrumental, but, like much else that has instrumental value, it does not of itself make life worthwhile, even though it is sometimes worshipped as if it did. And like everything that has instrumental value, what makes it valuable lies beyond it. Forms of environmental ethics based on value focus not on quantifiable kinds of value such as money, but on the value to be found in the well-being and flourishing of living creatures.

This brings us back to Rolston's distinction, noted in Chapter 1, between instrumental value and intrinsic value. The value of what is valuable instrumentally is derivative value, dependent on and deriving from the value of something other than itself. Such value contrasts with value that is non-derivative. Things with value of this latter kind are valuable because of their own nature. They may have additional kinds of value as well; thus education can be both valuable in itself and valuable because it leads to gainful employment. But their nature is such that they are valuable as ends, and not as means alone; rather than having value only as means, they give value and point to measures, means, and policies devised to attain them.

There are other kinds of derivative value alongside instrumental value. In my view, aesthetic value, as in the examples of the value of a panorama and of a sunset, is dependent on appreciation by human or other perceivers. Not everyone agrees, but the possibility of multiple kinds of derivative value should be recognized, for not all derivative value is valuable simply as a means to something else. A further kind of value that may well be derivative is symbolic value (like that of a hand-shake), which is dependent on the perceived meaning or meanings of what is performed or enacted. However, there are many things whose value is neither instrumental to nor derivative from other things we value for their own sakes. A plausible candidate is happiness.

Happiness is widely agreed to have intrinsic value. But there is more to life than happiness, and many have located intrinsic value more broadly in human well-being or flourishing. Aristotle, for example, began his *Nicomachean Ethics* with the claim that all action aims at such flourishing, a claim that he regarded as a truism. Shortly after this he made the distinction between what is desirable instrumentally and what is desirable intrinsically or in itself. There he added the reasoning that it is impossible for everything desirable to be desirable instrumentally, as there would then be nothing to give anything its desirability or its point; so something must be intrinsically desirable. And this, he argued, is human flourishing.

But most people recognize that the well-being of other creatures matters as well as that of human beings; and, once other living creatures are recognized as having moral standing, it is difficult to avoid accepting something already suggested in Chapter 1, namely that their flourishing has intrinsic value alongside that of human beings. Even if their flourishing has less moral significance, perhaps because of their different capacities, their moral standing strongly suggests that their well-being or flourishing is desirable or valuable intrinsically. For where a creature has moral standing, there must be something about it that counts as a reason for action, and a non-derivative one at that.

Some people take the view that it is sentient creatures (creatures with feelings) and they alone whose well-being or flourishing has intrinsic value. (This view is sometimes called 'sentientism'.) Organisms of this kind, it is suggested, have a conscious perspective, and what happens to them can matter from that perspective, unlike the goods and the harms that befall non-sentient ones.

But the absence of conscious perspectives from other living creatures does not make it acceptable to do them harm, something effectively recognized by the widespread response of revulsion to Routley's Last Man thought-experiment. In needlessly cutting down a healthy tree, this imaginary person would be doing needless harm and acting wrongly; such, at least, is a widely held response to this action. A likely explanation of this judgement consists in the widespread assumption that the well-being or flourishing of non-sentient creatures (such as trees) matters independently or has intrinsic value, as well as the flourishing of sentient ones.

This stance about value corresponds to the stance that recognizes moral standing in all living creatures. As has just been mentioned, where a creature has moral standing, there will be non-derivative reasons for promoting or preserving its well-being. So the biocentric stance that recognizes moral standing in living creatures also recognizes intrinsic value in their well-being or flourishing. In doing so, it diverges from sentientism, which stops short at sentient creatures and their well-being, as well as from anthropocentrism, which stops short at the flourishing of human beings.

In connection with value, one further contrasting stance should be mentioned, that of ecocentrism. This is the view that an ecosystem, as a whole, or species as a whole, has an identity and a good not reducible to the good of their members, just as a nation (e.g. Wales) or a people (e.g. the Welsh) are sometimes said to have an identity and a good distinct from that of their individual constituents. Whole forests are held to have value of this kind, and not only individual trees or their flourishing. For obvious reasons, this stance is sometimes alternatively known as 'eco-holism'.

Yet ecosystems continually fluctuate, and it is less than clear how to identify such systems. This being so, it is unclear how to understand and recognize an ecosystem's good, as both James Sterba and Emma Marris have argued. And as for species, these can be understood either as populations or as abstractions.

But abstractions can hardly be ascribed intrinsic value. As for populations, where the well-being of individual creatures is recognized to have intrinsic value, there is no need to ascribe to populations of such creatures an intrinsic value additional to that of their members. Ecosystems and species can instead be seen as matrices within which intrinsically valuable individuals emerge, and as being valuable on that basis. Nevertheless, ecocentrism continues to inspire many committed environmentalists.

We shall eventually return to these stances about value in the context of different understandings of right action. For present purposes, what is important is perhaps what they have in common, which is their positive affirmation of value and their confidence in people's ability to recognize it and to be motivated and inspired by it.

By contrast, those who deny intrinsic value, or reject all claims to identify it, are prone to make all actions and enterprises unjustified, futile, and pointless. For reasons for action are needed if actions are not to be unjustified, and it is precisely value, and ultimately intrinsic value, that supplies such reasons. Value thus supplies ethics with its grounding and its motivation, and this is equally true of environmental ethics, as all the various 'centrisms' discussed in this chapter bear witness.

Chapter 3
Future generations

The moral standing of future generations

Concern about future generations stretches as far back as the Ten Commandments, and was articulated among the ancient Romans by Cicero and Seneca, and by Dante in the Middle Ages. But the belief that present people can significantly change the future originated as recently as the Enlightenment. So does the belief that our generation may be judged by posterity, that is, by our successors.

As long ago as 1714, however, Joseph Addison asked why we should be concerned about future people, granted that they have never done anything for us. But another more recent sceptic about future-related responsibilities, Thomas H. Thompson, nevertheless grants that the questions 'Why care about future generations?' and 'Why be moral?' are in practice the same question. In any case the question 'Why care about future generations?' is at least on a par with 'Why care about those with whom we share the planet now?'.

Thus if we care about human well-being in the present, we can hardly be indifferent to that of our children and grand-children after our own life times, as if our deaths would obliterate the moral universe. In many African traditions this link is taken for granted; land belongs not to individuals but to inter-generational collectives such as clans, and any head of clan depriving coming generations of benefits they might have expected to inherit can be deposed.

When we consider the extent of current people's responsibilities to their successors, relevant future generations include all those that can foreseeably be affected by current people's actions. These extend beyond our children's generation to people of the further future, in cases where we can affect them; for the impacts of current actions are not confined to the next generation alone.

Thus if we release radioactive substances with half-lives of several centuries (or bury them insecurely), then the generations living in those centuries become relevant to our current responsibilities. As Onora O'Neill has argued, these people too turn out to have moral standing, at least from the perspective of those whose actions can affect them. But in view of the long-lasting impacts of current carbon emissions, and their often-avoidable character, the people capable of affecting these future generations turn out to be most of those currently alive.

Objections to this view: the Non-identity Problem

Perhaps the most fundamental objection to belief in the moral standing of future generations is based on the assumption that our duties are limited to making particular future people better off, and to avoiding harming them. But we simply cannot do this through changes of policy, because adopting significantly different social and economic policies (such as implementing sustainable practices) will have the effect of generating different future people. For adopting such policies means that different people will meet and have different children from those they would have had in the absence of the new policies. Hence before long no one living would have been alive if no such policy changes had been made;

and so no one living by then is better off. (Philosophers know this as 'the Non-identity Problem'.)

To express this differently, most future people cannot be harmed by current policy choices. At best, adopting new policies will generate a population that will be better off than the different population which would have lived if the policy changes had not been adopted. The individuals of the better off population would not have existed at all if the old policies and practices had persisted. So if morality simply requires us to avoid harm to particular future people, or to make such people better off, then new social policies cannot be justified on this basis. Indeed nothing at all can supposedly be owed to the future people generated by such policies.

Others, however, have challenged this assumption about the limits of our future-related duties. For we can have duties or responsibilities not only to particular individual people, but also towards whoever will be living in a certain region in a certain period of time, if we can affect the average quality of life that sets or groups of such people will enjoy. This is already assumed when we recognize duties to the people of distant places who are unknown to ourselves, duties, for example, to reduce diseases like malaria or to alleviate their poverty. Similarly if we can increase the average quality of life of groups of future people, those of us able to do this have a responsibility to do so, despite our being unable to know which individuals will lead enhanced lives (enhanced, that is, in comparison with the lives of those that might have lived instead).

Derek Parfit has argued for this view using thought-experiments. Just say we can benefit current people by depleting and consuming resources now, but all foreseeable generations will then have a much lower quality of life than if the same resources had been conserved. Given the assumption about duties being owed to particular individuals only, then the reduced quality of life of future people would be irrelevant to policy decisions about depletion, and we should forget about future people and focus entirely on the present generation. But most people who consider this imaginary scenario agree with Parfit in rejecting this implication. So the assumption on which it is based has to be discarded too. Our future-related duties are not owed to particular individuals only, but extend to whoever will live in the foreseeable future.

Accordingly the non-identifiability of most future people is no obstacle to them having moral standing. Whether or not we have duties owed to them as individuals, we can still have responsibilities in their regard.

Discounting future interests: uncertainty

Granted that future people and their interests matter, it is still widely held that their interests count for less than current interests, and that this justifies discounting future gains and losses by some fixed annual percentage (such as 5 per cent). One of the grounds often given is the uncertainty of future gains and losses. Thus cures of diseases discovered in the present may have waning effectiveness in the future, or may be outweighed by new diseases; and new flood defences may cease to be effective if sea-levels rise more than expected. Even if we recognize that future arthritis will be just as bad as arthritis today, the uncertainty about whether it will actually happen seems to lower the priority of preventive measures in the present.

But the uncertainty of some future benefits and losses does not justify discounting future benefits and losses in general or across the board. Thus many future losses are all-too-predictable, such as fatalities from malaria if it is not counteracted, and the flooding of coasts and estuaries from predictable rises in sea-level due to current rates of greenhouse gas emissions. (Laws of nature may be presumed to remain constant over time.) There again, many of the intended benefits of current policies (decisions to hold referendums, for example) are uncertain, as are many of the harms that such policies seek to prevent.

There is thus no correlation between certainty and closeness to the present. So to discount all future harms and benefits, as compared with present ones, is not warranted on the basis of uncertainty. Uncertainty warrants at best selective discounting, for cases where there are distinctive reasons to doubt current predictions and expectations.

Besides, conventional discounting involves reducing the value or disvalue of future benefits and costs year by year on a compound basis. Thus the value of the goods of thirty years hence is reduced by the agreed percentage of discounting thirty times over, and thus becomes negligible. But this approach pays no heed to the widespread concern to preserve things of value (whether works of art or natural species) for our children and grand-children. It would take more than the general uncertainty that characterizes the future to justify such a drastic disregard of what we value.

Discounting future interests: time-preference

One of the grounds given for discounting future interests is that this practice is supported by current people's preferences, as attested in empirical studies. For example, saving one life now is often considered just as worthwhile as saving no fewer than forty-five lives in one hundred years' time. Democratic decision-making, it is assumed, ought to give weight to such widely attested public time-preference.

Hilary Graham, however, finds that such results are skewed by the anonymous and dissociative language standardly used in questionnaires and surveys. If, instead, respondents are asked to compare policy options that would save lives in their own generation, their children's generation or their grand-children's generation, the results are significantly different. In response to surveys of this kind, a majority prefer options that would save an even number of lives across all three generations, and a significant number actually support options saving a greater number of lives in their grand-children's generation than in their children's, and saving a greater number in their children's than in their own generation.

Similar findings were made when the question was changed to short-term versus long-term schemes of flood-prevention. Thus a majority of respondents feel connected to future generations, conceptualized in this way, or actually identify with them. Yet the generation of the grandchildren of current adults could reasonably be held to include the period of one hundred years' time, for which studies employing anonymous terms produce quite different results.

So the evidence of empirical studies of preferences may not after all support discounting, and suggests that investments expected to benefit one's grand-children and their age-cohort are widely regarded with favour. (More empirical work would be needed to discover whether benefits to the generation of one's great-grand-children are similarly favoured.) Hence, even if we grant that public preferences are morally relevant to decisions about discounting, it is unclear that such preferences uphold this practice, as opposed to rival practices such as long-term investments to benefit future generations, and long-term policies of preservation, whether of art-works, places of natural beauty, species or their habitats.

Further grounds are sometimes given for discounting future costs and benefits, such as the possibility that future people will be better off than the present generation. But this assumption seems a good example of predictions and expectations that there are ample reasons to doubt. Assumptions like this one are sometimes used in support of consuming resources in the present; future people, it is suggested, can be relied on to develop sufficiently improved technology to generate substitutes. Yet many resources turn out to be irreplaceable (think of species and ecosystems); and the only way of ensuring that resources such as rare minerals remain available is through preserving stocks of them, just as people are already preserving seeds in the Svalbard Global Seed Vault.

In general, the grounds forwarded for discounting fail to justify discounting blanketwise or in general. At best, they justify selective discounting, where specific reasons (whether of uncertainty or opportunity costs) can be shown to be distinctively relevant. This finding opens up many large issues of how to take seriously our future-related responsibilities.

Future preferences and needs

But if the interests of future people are a function of their preferences, then the unpredictability of their preferences, attitudes, and tastes means that, much as we might wish to take their interests into account, we simply cannot, because of our ignorance. Some philosophers consider this an obstacle to preserving anything for their sake, whether wild species, sites of natural beauty, or works of art such as paintings, statues, and musical compositions. For if the tastes of future people turn out not to overlap with our own, then our best efforts at transmitting a worthwhile legacy will be worthless.

Some of the same philosophers suggest that we should accordingly lay plans to ensure that future people are educated so as to appreciate, for example, the diversity and the beauty of the natural environment. This is a theme worth returning to, even if the problem it is intended to solve proves to be a misconception.

The supposed problem, however, must be just that: a misconception. For we can foresee many future interests, such as the interest of future people in shelter and clothing and in a reliable food supply, and in inheriting a relatively unpolluted environment. These were, in effect, the kinds of foresight assumed to be available to us in the course of the discussion of discounting future benefits and losses (presented earlier in this chapter). But what we can foresee is not so much preferences as human needs. To lead a decent human life, future people will require the satisfaction of the needs just mentioned, among others, even if they would not all prefer to be dependent on such needs; and it is the satisfaction of their needs (rather than of their preferences) which will be central to their interests.

Admittedly we would be unwise to impose on them our own interpretations of such generic human needs, such as particular styles of clothing or of diet, because they may have different preferences from our own. But if we provide for their generic human needs, we are unlikely to be entirely flouting their values. For they are likely to align at least some of their preferences and valuations to the needs that are common to humanity at all times and places.

Accepting the need of future people for a relatively unpolluted environment already tells us a good deal about what kind of provision we should make in their regard. For example, the Montreal Protocol (1987), which banned the use of chemicals known as CFCs (chlorofluorocarbons) and HCFCs (hydrochlorofluorocarbons), so as to preserve the ozone layer and protect people (and other creatures), present and future, from skin cancer, laid the foundations for fulfilling this need, as long as the parties to the Protocol continue to observe it. The same is true of the Kigali Agreement of 2016, which banned chemicals known as HFCs (hydrofluorocarbons), introduced as substitutes for the ones banned at Montreal, but subsequently found to be equally pernicious.

If, further, E.O. Wilson's theory of biophilia is correct, and human beings share a deep-seated need to be associated with living creatures and green spaces, then a wider range of environmental provision for future people would be in place. Already town and country planners in developed countries attempt to provide for this apparent need, and related ones such as access to open spaces for play and recreation, and for getting away from crowds; and, if the biophilia theory turns out to be correct, such provision is going to be needed not only in the contemporary North but worldwide and across the centuries.

Here it is relevant to add that the needs of future generations include the needs of future generations of non-human species, if, as was suggested in Chapters 1 and 2, these species have moral standing. The members of only some of these species will have preferences, but all will have needs both for survival and for healthy functioning, such as the preservation of the kinds of habitats and climates on which they depend. If these needs are neglected and species continue to become extinct, then billions of valuable lives that might have been lived will be irretrievably lost.

Many current species, if not eliminated in the present and near future, actually have the ability to outlive humanity, and thus to preserve the presence of life on our planet when humanity has left the scene. Neglecting the needs of non-humans thus turns out to be speceicide, or the avoidable destruction of whole species, and often of whole clusters of species. To express matters differently, the erasure of the future possibilities of these entire forms of life is, as Rolston has remarked, not just the killing of individuals, but the 'super-killing' of whole kinds, and all possible individuals of these kinds for all time.

Some future-related policies

Taking into account all these future needs alongside current ones is not going to be easy. Nor do things get easier when we bear in mind the extent of unsatisfied human needs in the current world, and the importance of putting this right. Solutions to this problem will be considered in Chapter 8 in the context of mitigating climate change, but aspects of these problems can be mentioned here to indicate how harmful practices and neglect detrimental to human and non-human health, present and future, can be avoided, and better practices introduced.

The harmful practices that I have in mind include carbon-based energy generation. Many people in the current world are obliged to heat their homes and their food using fuel-wood and other forms of biomass, and in their efforts to obtain fuel cut down woods and forests, while others remove swathes of forests to build mines, roads, dams, and smelters. (See Figure 3.) But deforestation destroys key habitats of wild creatures, and aggravates the problem of carbon emissions, while domestic fires, besides contributing to this problem, are widely a source of urban fog and of pulmonary health problems.

3. Tropical forest beside Erawan Waterfall, Kanchanaburi, Thailand: forests must be preserved for their biota—and for our grand-children.

The problem of domestic fires and the pollution associated with them can initially be tackled by the increased use of more efficient stoves, some of them burning safer fuels such as LPG (liquid petroleum gas) instead of wood and dung. Longer term solutions include the replacement of all such fuels through generating electricity by renewable processes (such as solar, tidal, wind, wave, and hydro-electric energy), which will also reduce the overall rate and extent of deforestation. Such processes can be sustained indefinitely, thus providing solutions not only for current people but also for their successors.

The disposal of toxic substances in the current world is all too often achieved by dumping them on waste-tips in developing countries, or in the poorer districts of developed ones. Such processes increase both inequality and ill-health. But they are replaceable by practices of burial in safe underground repositories, well away from vulnerable people and other creatures. Substances for which no safe form of burial is known should not be generated at all (the by-products of nuclear energy generation may be a case in point); otherwise the disposal of toxic substances can be made sustainable, in ways that avoid poisoning future generations.

Similarly soil-erosion and the growth of deserts can be tackled by sustainable processes such as judiciously selected programmes of tree-planting. Processes of this kind, once established, stand to benefit coming generations, as well as the atmosphere they will breathe. These are just some of many environmental problems and remedies, but supply examples of ways in which present policies can prevent future interests being undermined, particularly policies which, once introduced, can be sustained indefinitely.

Engaging new generations

While the justification of providing for future needs does not depend on future people's attitudes or on predicting them in the present, those people's attitudes to the world around them are still going to be crucial. For example, it will be for them to decide whether to persist with salutary sustainable processes or not; and their willingness to preserve wild species and habitats is likely to depend on whether or not they appreciate the wonder and the variety of planetary wildlife, both distant and local. Nor will commitment at government level be effective if it is not democratically grounded and widely shared among citizens.

This serves to underline the importance of widespread environmental education at all levels from students' earliest years onwards. Appreciation and love of nature are much more likely to be fostered through frequent outdoor visits to parks and wild habitats than through lessons restricted to classrooms. Yet there is also a role for wildlife programmes on television; and, as Martin Hughes-Games has recently argued, such programmes need to draw attention to human impacts on wild species, and the need to reduce them, on pain of appearing to connive at the ongoing decimation of such species.

Such education can also further policies seeking to stabilize the human population sooner rather than later. Educating girls and women (in particular) about limiting the sizes of their families is already contributing to the demographic transition from large to smaller families taking place in most continents, and the emergence of a world of zero population growth, necessary if human impacts on nature are to be curtailed, depends in large measure on the continuation and spread of such education.

If succeeding generations are to be engaged in policies of conservation, sustainable living, and care for the natural species of the planet, much clearly depends on the early, effective, and sustainable introduction of environmental education.

Representing future generations

Future generations stand to be affected by current decisions, but are unrepresented in almost all current decision-making bodies. Yet Article 1 of the 1997 UNESCO Declaration on the Responsibilities of the Present Generations towards Future Generations declares that 'The present generations have the responsibility of ensuring that the needs and interests of present and future generations are properly safeguarded.' Ways of safeguarding these needs and interests clearly need to be found.

Part of the answer consists in ensuring that future generations will inherit ongoing democratic institutions, committed to upholding social justice, human rights, and a positive quality of life, environmental quality included. If these institutions are lacking or become moribund, then future generations will have to repeat the struggle to establish them. Yet such institutions, while indispensable, are far from sufficient for future needs and interests to be satisfied.

Another part of the answer involves putting in place institutions with the role of the long-term planning of infrastructure and supplies of energy and fresh water. While there is widespread resistance to such centralized planning, private enterprise itself turns out to depend on a reliable infrastructure and reliable public services, which should as far as possible be based on renewable sources. For many countries, international collaboration will be required to establish such sustainable systems.

Yet further measures are going to be needed. For example, measures are required to conserve options for future generations, preserving not only the quality of the environment, but also cultural facilities such as theatres, museums, and libraries. Constant temptations arise to curtail such options and facilities, for the sake of short-term interests, and champions of future interests are needed to resist them. There is thus a case for proxy representation of future generations.

One proposal is that each legislature should include small numbers of members appointed to protect future interests, supported by research teams charged with researching future needs. The presence of voices speaking for coming generations could well enhance decision-making, as Kristian Skagen Ekeli has argued. But there is a danger that the remaining legislators would leave representing the future to those appointed to do so, and pursue short-termism instead.

A further problem concerns how to appoint representatives of an electorate that does not yet exist. This might be overcome by an agreement to appoint these representatives from future-oriented pressure groups, and also from preservationist pressure groups (so that the interests of future non-human creatures are heeded as well), provided that these groups themselves satisfy democratic criteria; yet these representatives would still remain open to challenge by legislators appointed in democratic elections among current voters.

Another possibility would be the appointment of an ombudsman as a watchdog of future interests. A good example is the Hungarian parliamentary commissioner, who is entrusted with monitoring legislation 'to ensure the protection of the fundamental right to healthy environment', with conducting 'investigations into potential or alleged violations or threats to the environment and future generations', and reviewing the actions of municipal and local governments as well as the national government, and empowered to halt or modify governmental actions accordingly. While such an office could generate controversy, and might be open to abuse, its challenge to vested interests could well be salutary.

Quite a different possibility would be the legislative device of granting legal rights to ecological systems (as once suggested by Christopher Stone) such as rivers. During 2017, rights were granted to the rivers Ganges and Yamuna in India and to the river Whanganui in New Zealand. While there are dangers here, one of which is that pollution control could be made more difficult, there are also clear benefits to the future human users of these rivers and also to the river creatures of the future. Without attributing moral standing to entities such as rivers, biocentrists can applaud such protections for the sake of future people and other creatures that stand to benefit.

One final possibility is the enshrining of future-related guarantees within a country's constitution. Thus, as the World Future Council reports, the Ecuadorean Constitution guarantees 'a sustainable model of environmentally balanced development... to conserve biodiversity and the natural regeneration capacity of ecosystems, and to ensure the satisfaction of the needs of present and future generations'. Similarly the South African Constitution affirms the right of everyone 'to have the environment protected, for the benefit of present and future generations'. These provisions have not prevented controversies about their interpretation and application, but they enshrine a dependable way of concentrating minds on issues that might otherwise be neglected.

Chapter 4
Principles for right action

Moral knowledge

Environmental ethicists, like those in other branches of ethics, cannot escape from considering what ought or ought not to be done, and how this is to be decided or discovered. Fortunately, we are not confronting these issues here from scratch, having already reached conclusions in Chapter 3 about obligations to future generations. These findings may now help us reflect on how to understand moral principles. For example, accounts that uphold obligations to future generations should be preferred to ones that have scant regard for such obligations.

An obstacle to making progress with moral principles is the widespread belief that issues of what ought or ought not to be done are all matters of opinion, and that they do not admit of knowledge. Much ink has been spilt in discussions of these matters, and these discussions must here be set aside. Suffice it to say that most people recognize that there is such a thing as knowing the difference between right and wrong, and that, as such, it must sometimes be possible for moral claims to be true or correct. It could still be that many such claims are too vague or overgeneralized to be reliable, and that great care is needed before we can claim to have attained moral knowledge. Yet the very possibility of moral knowledge should encourage us to continue to look for it, rather than to despair of the attempt.

Some find a problem in the vagueness of the word 'ought'. This impression may well be due to 'ought' being used on different occasions as short for several different kinds of 'ought', such as 'prudentially ought' (ought in one's own interests), 'legally ought', 'technically ought', 'aesthetically ought', and 'morally ought'. 'Morally ought' will mean something like 'Ought in the interests of all the parties with moral standing that are affected', and this is obviously different from 'ought if you are to obey the law', 'ought if you want to use the best technical means to your ends', and so on. Thus while unqualified 'oughts' may be 'oughts' of any sort, and can be disagreed about accordingly, moral 'oughts' are much clearer. Seen in this light, moral knowledge becomes possible.

Some people feel that they can sometimes be sure about particular judgements (like what they should do for their young children), but not about principles, which hinge on words like 'all' or 'none'. It is true that most principles have inbuilt exception-clauses, such as 'except when this principle clashes with an equally basic principle', or 'except in highly exceptional circumstances'. But principles such as 'Promises ought (all) to be kept' remain reliable for the generality of cases, and can be known to be so. (Why this is so would bring in philosophical theories, but these are generally less reliable than principles like this one.) Hence there is no need to despair about the quest for moral principles, despite their generality, even though they include words like 'ought'.

The contract model of ethics

Some philosophers, including John Rawls, have suggested that principles and judgements are acceptable and fair which would be agreed by rational and self-interested individuals, knowledgeable about human life in general, but ignorant of their own life-prospects. This thought-experiment was devised to avoid possible bias from (say) social privilege or class interests. So we imagine that when we sit down to decide what social arrangements are fair, we go behind a 'veil of ignorance' that causes us to forget whether we are rich, poor, able-bodied or disabled, young or old. We imagine further that we do not know which society we are going to live in, let alone which family or gender, but that we just know we will need to live together in the same society and generation.

This, then, is a contract theory, based on what would be agreed in the conditions just described. In conditions of such uncertainty about our futures, Rawls argues, our only rational recourse is to vote for principles and policies that provide equal protection for everyone's rights, ensure fair opportunity to lead the lives we prefer, and promote improvement in the welfare of the worst off (for we might be among them).

This approach can have merits when groups of people need to devise shared rules to govern their relations. But it performs less well when future generations have to be considered (as it has been argued in Chapter 3 that they must). To provide for future generations, Rawls initially modified his assumption that the contracting parties are self-interested, and makes them concerned for their own descendants or 'lineage', as well as for themselves as individuals. With this motivation, they would, he suggests, select a Just Savings Principle, such that each generation invests to benefit its successor, and that succeeding generations will be no worse off than their predecessors. In *Political Liberalism* (1993), however, Rawls replaces this principle with the selection of whichever principles of resource conservation and distribution (potentially affecting future generations) members of any generation would adopt as principles they would wish both their own generation (and succeeding ones) to follow, and also previous generations to have followed.

Here we might want to add several other principles to this rather threadbare account of future-related obligations, such as preserving a decent environment and banning time-bombs. But the real problem lies elsewhere. For (apart from the way he attempted at one stage to modify people's motivations so that they would care for their 'lineage', an attempt that he later discarded) his choosers are presented as having no social bonds, such as family ties or friendships. They remain what the feminist philosopher Seyla Benhabib has called 'disembedded and disembodied individuals'. As she adds, there is no reason to suppose that what such individuals choose would be just or right, with regard to their own or subsequent generations, even if their motivation is modified to care for their 'lineage'. Nor, we might add, can there be fairness or justice if social arrangements are based on Rawls's conception of everything other than humans being mere resources to be 'fairly' distributed.

Some have suggested that the problem lies in making the choosers members of the same generation, and it may be alleviated if they are instead representatives of all coming generations. But this does not solve Benhabib's problem, and it also falls foul of another. For this suggested improvement assumes that it is already known how many generations there will be. Yet this information itself depends in part on which rules the choosers select for their society to live by. So the suggested improvement turns out to suffer from circularity; the choosers have to decide something that has to be settled before they can start.

Other contract theories have been put forward. But they all face a problem already hinted at, that of providing fairly for non-human creatures. For they all turn on contracts being made by rational, communicative, language-using persons, thus excluding from participation creatures of other species. If these creatures are provided for, it will only be through persons requiring this; but this will require not only a degree of altruism that contract theories are reluctant to assume before social rules have been formed, but also a degree of insight and understanding of the needs of other species, not readily attained and certainly not to be relied on. In other words, contract theories all break down over inter-species equity.

Contract theories can still serve as a useful model for international agreements, because if people can agree to international rules whichever society they may find themselves belonging to, that is some indication that the rules thus chosen are fair. Some theorists have modified Rawls's contract in this direction, and applied the modified theory to issues like international trade and to sharing the waters of international rivers. But contract theories continue to fail to ensure equity between generations and between species.

Virtue ethics

A more promising approach is that of virtue ethics. Character, its adherents suggest, is more important than right action, because it makes people dependable and trustworthy, and more likely to behave consistently and fairly in future than adherence to moral rules. Many of its supporters derive their account of virtues from Aristotle, who (with great insight) represented virtues (and vices) as stable dispositions resulting from sequences of choices, and as involving practical wisdom too. Accordingly, for Aristotle, the virtues are those traits of character essential for our becoming the best, most well-rounded and fully developed persons we can be, and resisting impulsive passions (fear, avarice, etc.) that undermine our capacity to conduct our lives wisely. The virtuous person is likely to be one who has been well brought up. Right action, for this approach, is simply the action that the virtuous and well brought up person would adopt.

There is much to be said for this approach. If we ask ourselves whether we are behaving as a courageous, kind, humble, and fair-minded person would, then our deeds are unlikely to be knowingly damaging, let alone disastrous. Besides, as Rosalind Hursthouse has argued, the virtues can be interpreted as taking into account both future people and animals, because these can be objects of kindness and fairness. The theory is prone to hold that it is our intentions (or perhaps our motives) that matter; but these are in any case widely regarded as central to acting as we should.

But this approach appears weaker where the unintended consequences of actions are concerned. Many of these are foreseeable, and we can plausibly be held responsible for foreseeable consequences, whether they were intended or not. Thus actions that repay international debts at the cost of depriving future generations of forests destroyed to fund the repayments may well be misguided, despite appearing virtuous; and the same applies to many other ways of deploying resources that disregard the needs of future people and/or other species. Another example is buying a diesel-powered car on environmentalist grounds because of low carbon emissions, without regard to its emission of particulates and nitrous oxide, thus contributing to dangerous levels of air pollution.

The virtue ethicist might reply that lack of care for the future unintended consequences of our acts and omissions is itself vicious. But if so, what is being offered is an unusually demanding account of the virtues and the vices, absent from accounts of the virtues and vices for example in Aristotle, who (as was mentioned in Chapter 1) held that we have to disregard the impacts of current actions on future generations, on pain of making ethics too complicated and difficult. In any case this kind of account of the virtues and vices goes beyond basing morality either on intentions or on motives, and effectively relies on the moral significance of the future consequences of present actions.

This already shows that there must be more to morality than intentions or motives. There again, as we have seen, only some interpretations of the virtues involve taking future generations and other species into account. And in times of rapid technological change, behaving as the well brought up person would do may involve catastrophe, through lack of regard for serious and/or irreversible impacts. So it does not look as if virtuous behaviour as such is bound to be right or morally justified.

Besides, as even champions of virtue ethics, such as Hursthouse, allow, no human being is perfectly virtuous. All of us are prone to moments of weakness of will when we are unable to live up to our own standards, or depression when we cannot rise to challenges besetting us, or confusion in strange or emergency situations. Hursthouse suggests this is one of the points of common sense moral rules. Such rules serve as reminders of how a virtuous person will conduct herself even when her virtuous dispositions temporarily fail her, and thus at least avoid outright virtuous conduct she would later regret. Another point of such rules is their value for accustoming the young to what virtuous conduct is like before their own characters are fully developed. So even for virtue ethics, well-chosen, justifiable moral rules are essential.

But this is an important concession, because the justification of these moral rules cannot itself turn on virtues, but must turn on something beyond them. Rolston has recently advanced a parallel response: it is values (including the intrinsic value of nature) that give the virtues their point, and not vice versa.

Yet, as Dale Jamieson has argued, virtues whose overall pursuit benefits people and other creatures of the present and future are worth cultivating, and may form part of an acceptable account of right action. Certainly outcomes are likely to be better if people stick to beneficial traits of this kind rather than calculating the consequences whenever a decision has to be made; so great is the risk of miscalculating them. But right action should also take into account both moral practices, the benefits of which turn on their widespread acceptance and thus their reliability, and also our ability to reflect on the foreseeable effects of policies (both individual and collective). And all this takes us beyond virtue ethics and back to the place of moral rules.

Rules and duties

Several philosophers have proposed that rightness means compliance with certain rules, which are either self-evident or required by considerations of reason and consistency. The kind of rules they have had in mind are socially pivotal rules about refraining from murder, keeping promises, and not telling lies. (Sir David Ross once produced a short-list of five rules of this kind.) This approach is often contrasted with one that appeals to the consequences of rules or actions to justify them ('consequentialism'). Because of its stress on duties (and sometimes on performing them just because they are duties) it is known as 'deontology' (from the Greek word for 'duty').

Sometimes the favoured duties are treated as self-evident, or as known more securely than either would-be justifications or would-be criticisms. As such, they apply to people whether they have virtuous dispositions or not, and this claim appears to count in favour of the approach we are considering. Yet those who favour this approach ('deontologists') still need to say what people should do when the rules clash, and also whether they admit of exceptions, as when a catastrophe could be prevented, but only through breaking a promise.

They also need to be able to explain how new rules can be introduced to deal with new kinds of issue, such as conservation and recycling, for otherwise their approach will fail to respond to new problems, including environmental ones. But all this suggests that it may be necessary to be able to appeal beyond the rules, if they are to be justifiable and reliable.

Immanuel Kant suggested that we let reason be our guide. It is irrational to adopt rules that could defeat the objectives for which they were adopted; so, rationally speaking, we should categorically reject any such rule. (This he calls the 'Categorical Imperative' of morality.) Say we are tempted to endorse a rule allowing us to force others to do as we please, without their consent, and thus to treat them as mere 'things', whenever it served our personal objectives. Before we do, Kant held, we must ask ourselves if adopting such a rule could prove self-defeating. Moral rules are meant to be universally applicable, and so we must ask whether the rule could prove self-defeating if universally adopted. Clearly it could. Instead of promoting personal objectives, the rule would do the reverse by licensing the overriding of personal objectives. Since it is self-defeating, reason demands we reject it categorically, whatever the consequences.

We ought instead always to respect persons and to treat them as 'ends in themselves', not mere things, and no less entitled to pursue their personal objectives than we ourselves. On the face of it, this seems like a salutary approach to choosing moral rules and principles (condemning the exploitation of human beings as it does). But its complete disregard for the well-being of non-human animals and other creatures makes it fall short of a comprehensive guide to right conduct. Besides, it is difficult to derive from it any clear guidance about obligations to future generations.

Followers of Kant have sometimes attempted to apply his teachings to inter-societal relations, which would have to be conducted, in the light of the requirement to respect persons, without force or fraud. But we can reply that his explicit disregard for the consequences of actions, rules, and practices, and the problems for his approach that this brings, illustrated in the problem-cases mentioned already, suggests that a different approach to moral rules is needed. Besides, Kant's demand that we follow rules that are not self-defeating, however dire and extreme the consequences may be, stretches credibility.

Beneficial practices, traits, and actions

Perhaps what really makes adherence to social rules and practices right (we could say, continuing our reply to Kant) is their overall beneficial character when observed with solidarity or near-solidarity. This may account for those examples where Kant's Categorical Imperative approach fares best, as with his rejection of self-defeating practices like lying, and with his advocacy of respect for individuals governing their own lives. It could also account for the rightness of adherence to beneficial practices not yet universally observed but with a fair prospect of being introduced, such as abstention from bribery, and, there again, such as recycling.

Similarly what makes character traits virtuous may well be the beneficial character of their widespread adoption. This thought echoes Dale Jamieson's advocacy of cultivating traits that benefit present and future humans, and other creatures too. It also echoes what was said about responsibilities to future generations in Chapter 3.

But we cannot extrapolate from these findings to the view that what makes actions right is simply their positive impacts. One problem is that we often cannot foresee those impacts. What then of the suggestion that what makes actions right is a favourable balance of good over bad *foreseeable* impacts? In such cases, the favourable foreseeable impacts form reasons for performing those actions, and while the unfavourable impacts are reasons against, the former are stronger.

However, the risks of miscalculation and of distorted views of what the impacts will be suggests that where beneficial practices are applicable, it is better to adhere to those practices rather than to pursue apparently beneficial infringements of them; and also that except in exceptional circumstances it is better to adhere to behaving as the virtuous person would (for example, being kind and not cruel) than to pursue the apparent benefits of flouting virtuous behaviour. But where there are no relevant beneficial practices and the path of virtue is unclear, it would be the balance of positive over negative foreseeable consequences that make an action right.

This can be called a 'consequentialist' approach to rightness, because consequentialist approaches make rightness turn on the differential impacts or consequences made by actions, traits, or practices. One well-known form of consequentialism is utilitarianism, often criticized for adopting an instrumental approach, whether to human beings or to non-human creatures. That, however, is an unfair criticism, because utilitarians seek to maximize happiness, and often include maximizing the happiness of sentient non-human creatures as well as of human beings.

But there is a big difference between utilitarianism and the kind of consequentialism supported here. For utilitarians, the sole value is happiness, and the sole disvalue is unhappiness. This stance omits all the other dimensions of the well-being of humans and sentient non-humans, and neglects the well-being of non-sentient creatures altogether. A large part of the point of the discussion of value in Chapter 2 was that intrinsic value can be found much more widely than just in happiness, and that those who care about value will take into account the well-being of humans and non-human creatures (both present and future). So even if you are against utilitarianism, you should not reject broader forms of consequentialism like this one.

Different criticisms of consequentialism concern predictability, intentions, and justice. The first of these criticisms says that we cannot make future impacts crucial in ethics because we cannot predict the consequences of actions distant in time. But we can predict the probable consequences (of actions, traits, and practices), and foreseeable patterns of impacts, in the light of experience. It is because we can do this that we can take into account the interests of future generations, as argued in Chapter 3.

Another criticism is that consequentialism plays down the role of intentions in ethics, whereas the difference between deliberate and inadvertent actions is ethically important. This is certainly an important difference, but it is important in matters of character-assessment, praise, and blame, and not in matters of rightness. For it is possible to do the wrong thing inadvertently as well as deliberately, just as it is possible to do what is right with questionable intentions. So consequentialists can recognize the importance of intentions, without making rightness or wrongness depend on them. Besides, if it is obligatory to do what it would be wrong not to do, then a consequentialist understanding of obligation (or duty) is needed too.

Finally, we should consider the apparent problem that consequentialism seeks to optimize consequences, but not to distribute benefits justly. This problem needs a fuller treatment than can be offered here. But this much can be said. Justice appears to turn on the satisfaction of basic needs, and there is nothing to stop consequentialists giving priority among values to needs that are basic over those that are less basic, and to needs over mere preferences. Hence consequentialists give due importance to justice and fairness, through seeking out policies and procedures that prioritize needs, and basic needs in particular.

I am not suggesting that environmental ethicists have to be consequentialists. Good work in environmental ethics can be done by adherents of other views (contractarians, virtue ethicists, and deontologists), just as it can by anthopocentrists as well as by biocentrists and ecocentrists. Some of the best work is done by pragmatists, who sometimes resist holding theories about rightness altogether. But where the question concerns which approach is the more consistent, most fruitful, and best serves the needs of future generations, the answer seems to rest with consequentialism, allied to a broad theory of value (as I have proposed both here and elsewhere).

Which theory of value?

Some approaches count human well-being and nothing else as valuable. An example is the Rio Declaration on Sustainable Development of 1992, which made human interests central to sustainable development, as the parties to the Rio conference could not agree on any other approach. (The Brundtland Report of 1987, which led to the Rio Conference, appears in places to recognize intrinsic value in non-human species and their well-being, but this recognition is absent from the Rio Declaration.) However, this Declaration is an example of a worthwhile contribution to the addressing of worldwide problems of sustainability, resources, population, and even of biodiversity preservation.

Nonetheless, approaches that are unable to take non-human interests into account suffer from serious limitations. An example is the limitations of contract theories, discussed in the second section of this chapter. Such theories leave out the perspectives of sentient creatures, as well as the interests of other species. But this means that they are prone to neglect problems such as whaling, factory-farming, the ivory trade, and the acidification of the oceans that is endangering coral reefs. It is true that these activities and processes can all be criticized on the basis of human interests, broadly interpreted; but anthropocentric approaches are unlikely to take these problems with sufficient seriousness. And what this suggests is that environmental problems are best addressed with a broader value-theory than contract theories or other anthropocentric theories can allow.

To recap stances mentioned in Chapter 2, broader theories include sentientism, biocentrism, and ecocentrism. Any of these could be harnessed to consequentialism, so that a broader range of values and disvalues would be taken into account.

Thus Peter Singer combines consequentialism with a sentientist value-theory, which takes into account the well-being of humans and other sentient beings, but is concerned with further living creatures only to the extent that they provide sentient creatures with habitats, livelihoods, or other benefits. His work has importantly drawn attention to the horrors of factory-farming. But such an approach has a limited capacity to protect systems of living creatures such as coral reefs. Admittedly the fish and crustaceans that live there are probably sentient, and their interests are at stake, as are human interests in the aesthetic appreciation of these environments. Yet it is hard to believe that these are the only interests at stake.

In the same way, it is difficult to credit that when a woodland is threatened, the only beings with moral standing are the animals and birds that live there, and not the trees, the fungi, and the invertebrates. If these too have moral standing, then a broader value-theory than sentientism is needed.

This brings us to biocentrism and ecocentrism. The main difference is that ecocentrists attribute moral standing not only to living creatures but to ecosystems and species as well (or, in some versions, instead). But an ethical system based on the good of ecosystems or the whole biosphere (as was proposed by Aldo Leopold), and not of individuals, cannot uphold those very rules (like keeping promises and refraining from murder) that deontologists like Ross have plausibly presented as ethically pivotal. Thus a plausible ethic should recognize (at least) the moral standing of living individuals.

But perhaps such an ethic should be concerned about ecosystems as well as individuals. Certainly the good of many individuals depends on the intactness of ecosystems in which they can flourish. But if the good of ecosystems is to be counted in addition to that of individuals, three problems arise. One is that because ecosystems largely consist of living individuals, these individuals are going to be counted twice over.

Another is that ecosystems, which are constantly changing, have no clear identity, and so it is unclear what their good consists in. The third is that many ecosystems have been modified by humans (into pasturage, gardens, and parks, for example), and that it is implausible that the good of these should count alongside the well-being of individual creatures. While such systems harbour values, the values turn on the well-being of the creatures within them, and also on that of their human carers.

Ecocentrists sometimes suggest including species alongside individual living creatures. But when considered as abstractions, there is no case for including species. The case for including them rests on considering them as populations of individuals, both present and future. But as long as the good of future living creatures is considered as well as that of current ones, then everything needing to be included has been taken into account. For example, we can now see why great importance is attached to preserving the few surviving members of a rare species, since the very existence of all future members of that species depends on them (to recap something said in Chapter 1).

This suggests that a biocentric ethic, which recognizes the moral standing of all living creatures, present and future, and the intrinsic value of their well-being, should be preferred. But systems of biocentric ethics are more plausible if they uphold actions, traits, and practices that foster value, biocentrically interpreted. Here, Peter Singer's claims that equal interests count equally, with greater interests (such as interests grounded in ampler capacities) counting for more, becomes important. This claim counts against treating the good of all creatures equally, as Paul Taylor has suggested, and recognizes that some species have greater interests than others. (It is not only, and not always, human beings that have greater interests than all others; but the greater interests of (say) primates such as orang-utans than those of insects should be recognized rather than denied.)

Taylor's approach plumps for rules not grounded in the impacts of actions or inaction, rules grounded in widespread intuitions. He extends basic human principles of justice to inter-species conflicts, requiring us to minimize or rectify unjustified injuries to other creatures. But there is more to inter-species ethics than simply avoiding outright injustice. A more cogent form of biocentric ethic bases the actions, the rules, the traits, and the practices that it favours on their foreseeable consequences. In other words, it advocates biocentric consequentialism.

Callicott's triangle, and some verdicts

J. Baird Callicott suggests that an environmental ethic contrasts with traditional (anthropocentric) humanism and also with (sentientist) animal welfarism; these stances comprise an equilateral triangle of mutually opposing positions. But both anthropocentrists and sentientists can and do contribute worthily to environmental ethics. Besides, far more than three stances are possible; as we have seen, there are different kinds of ecocentrism and of biocentrism. So we should move beyond seeing the debate as triangular. Environmental ethics is rather a dialogue between many stances and voices, and certainly not a single stance.

Others suggest adopting pluralist views, which combine two or more of the stances mentioned here. Combining several values (such as cultural preservation and nature preservation) is a salutary approach. But attempts to combine conflicting stances are liable to produce contradictions.

Others again suggest setting aside theories of rightness, in favour of a pragmatic focus on issues. Focusing on the facts is admirable, and often the theories agree over solutions (as, perhaps, over addressing climate change). But attempts to ignore theory altogether risk reaching distorted solutions, often through focusing on human interests alone.

Adherents of different theoretical stances can collaborate over practical campaigns, and about which traits and which practices are virtuous ones. But they will be more clear-headed if they have a developed stance (such as that commended here), and can defend and justify it. Such people know what they are campaigning for, and why. Sometimes they even know what ought to be done.

Chapter 5
Sustainability and preservation

Sustainable development

The sustainability of a practice or society means its capacity to be practised or maintained indefinitely, and the main point of the early advocacy of sustainable forms of society (on the part of Herman Daly and others) was the importance of recognizing limits to certain forms of growth, including ecological limits. These forms of growth included growth of production and of population. Besides, sustainable practices have the capacity to provide for the needs of future generations as well as the present. Sustainable forestry, for example, limits the annual harvest from forests to allow sufficient regeneration so that similar harvests can be taken every year into the indefinite future. Thus early environmentalists (including Daly's fellow-authors in his *Toward A Steady-State Economy* (1973) such as Kenneth E. Boulding and Nicholas Georgescu-Roegen) tended to advocate sustainability.

We should not assume that whatever is sustainable is good, much less that people who call something sustainable are always favourably disposed towards it. Bad or questionable practices can be sustainable, such as slavery and prostitution. But practices that produce overall benefits, generation after generation, such as sustainable forestry and sustainable fisheries, and observe whatever limits this requires, can be (and were) widely welcomed by environmentalists, including those who were urging humanity to live within its means. In these cases, there were also grounds against treating forests or fish-stocks simply as resources, and for leaving significant regions unharvested, and thus for restraints even on practices of a sustainable kind. Yet the sustainability of a practice soon came to be seen as a key virtue, and practices of this kind as contributions to a sustainable world society.

Development was another matter, with its customary overtones of encroachment on nature and commercialism. But given the importance of development in the distinctive sense of moving away from poverty, hunger, disease, and kindred evils, and enhancing well-being, it was recognized in the Brundtland Report of the United Nations (UN) sponsored World Commission on Environment and Development (1987), chaired by the then prime minister of Norway, Gro Harlem Brundtland, that sustainability needs to be blended with development in what the authors called 'sustainable development'. A society is developing if it is overcoming these various evils and raising quality of life in a participatory manner. Meanwhile sustainable development was defined by Brundtland as development that 'meets the needs of the present without compromising the ability of future generations to meet their own needs'. Sustainable development, understood as in the Brundtland Report, was given worldwide endorsement at the international UN Earth Summit held at Rio in 1992.

The Brundtland Report, it should be added, had more in mind than the definition just given might suggest. It envisaged social and ecological as well as economic needs, and favoured not just leaving future generations with options for satisfying their needs but also introducing policies that would make the meeting of those needs (and thus people's human rights) more feasible. Thus it favoured the introduction of sustainable agriculture and fisheries, sustainable energy generation, and, importantly, the gradual stabilization of population levels; and also provision for the preservation of species and ecosystems. Besides, it presented this case on a non-anthropocentric as well as an anthropocentric basis. However, the Rio Declaration that endorsed its proposals (the central statement arising from the Rio summit) unashamedly put human interests at the centre of its concerns.

As a result of the adoption of sustainable development at the Rio conference, both countries and companies became prone to interpret this concept in ways that suited their interests, and this led to criticisms that it had come to mean, effectively, business as usual. But this view failed to take into account the ethically radical nature of the Brundtland Report and of the Rio Declaration, accompanied as it was by the Framework Convention on Climate Change and the Convention on Biological Diversity (which enshrined the intrinsic value of biological diversity in its Preamble), and of their attempts to find an ethical pathway for humanity to follow, in matters of both development and environmental sustainability. As successive conferences reviewed these matters, the radical character of sustainable development was soon to be captured in the sets of UN goals agreed in 2000 and 2015.

Meanwhile sustainable development was criticized by Wilfred Beckerman. Construed as setting no limits to substituting natural entities (such as trees and ores) with artificial ones (like buildings) (Beckerman calls thus 'weak sustainability') it does not diverge from conventional economics, and is vacuous. But if instead it sets firm limits to substitution, for example requiring us to preserve all natural wild species including beetles (he calls this 'strong sustainability'), then, he claimed, it is morally repugnant, as the resources spent on preservation could have been spent on the relief of human poverty. In reply, supporters of sustainable development including Daly maintained that it does support preservation and thus limits substitution, without seeking to preserve every single species. The goals of poverty reduction and species preservation need to be jointly honoured (an ethically defensible approach), and where possible pursued together (as in forms of ecotourism which provide livelihoods for people of a biodiverse area at the same time as promoting preservation).

Initiatives marking the millennium

Workable solutions to ecological problems are widely held to require sustainable practices to be embedded in their planning, and to need to embody sustainable development if injustices to future generations are to be avoided. Sustainable food-production and sustainable irrigation are examples of such solutions. In their absence, future generations would be entitled to complain of neglect by their predecessors.

But alongside sustainable systems, steps are needed to overcome problems such as poverty and such as deforestation. In some cases these steps are preconditions of sustainable systems being introduced. Recognition of this prompted the initiation of the UN Millennium Ecosystem Assessment (2001–5), and also international endorsement in 2000 of eight Millennium Development Goals (MDGs), to be achieved by 2015. Of the eight goals, the first required the halving by 2015 of the proportion of people living on less than US$1.25 a day, and of the proportion of people suffering from hunger. We should recognize an ethical imperative to include these as targets, together with the goals to achieve universal primary education, to promote gender equality, to improve maternal health, to reduce child mortality rates, and to combat diseases such as HIV/AIDS and malaria. Enhancing well-being required nothing less.

The remaining goals were to 'ensure environmental sustainability' and to 'develop a global partnership for development'. But the latter goal (8) was silent on assistance by developed countries with the ecological problems of developing countries, and the former

(Goal 7), despite encouraging the integration of principles of sustainable development into countries' policies and programmes, appeared modest and less than comprehensive in its selection of targets. These targets included halving the proportion of people lacking sustainable access to safe drinking water and basic sanitation, and significantly improving the lives of at least a hundred million slum-dwellers. Yet access to drinking water and sanitation, and making slums less unhygienic, contribute importantly to the environment of the people affected. (The target for slum-dwellers was actually attained.)

The remaining target under Goal 7 was to reduce biodiversity loss by reducing the rate of loss of land covered by forest, the rate of CO_2 emissions (discussed in the final chapter of this book), and consumption of ozone-depleting chemicals. The proportion of fish-stocks conserved within safe biological limits was to be enhanced, at the same time as reductions of the proportion of total fresh water resources used, and of species threatened with extinction, and an increase of terrestrial and marine areas protected.

These were salutary aims, without being sufficient to prevent biodiversity loss even to the extent that they were achieved. (The number of individual nonhuman animals has reduced over recent decades by up to 50 per cent.) Yet the limitation of ozone-depleting chemicals has been attained, preventing vast increases of skin cancer, with the Kigali Agreement of 2016 now supplementing the earlier Montreal Protocol of 1987. And if the limitation of carbon dioxide (CO_2) emissions had been attained, that would have greatly enhanced the environmental sustainability of the planet, reducing biodiversity loss as well.

The MDGs have widely been held to underemphasize the participation of those most affected (despite the stress on participation in the UN Declaration of the Right to Development of 1986). For example, many of the world's poorest people are farmers, but agriculture was not specifically mentioned in the MDGs, let alone the issue of food sovereignty (control by countries of 'the whole food chain') for which indigenous communities and the transnational farmers' organization Via Campesina campaign. Meanwhile the Millennium Ecosystem Assessment appraised the consequences of ecosystem change for human well-being, employing an anthropocentric basis and an 'ecosystem services' approach, while affirming the need for food security, albeit not food sovereignty.

The introduction of universally recognized targets seems to have focused attention on health (including environmental health) and related issues, and to have increased the commitment of developed countries to poverty reduction. The MDG of halving the population living on less than US$1.25 per day has been attained, but, despite significant progress, the goals for child and maternal mortality, for sanitation, for education, and for halting deforestation have not been met. Meanwhile the global record on food security remains patchy and variable.

The Sustainable Development Goals

In view of the uneven progress in attaining the MDGs, and of criticisms of their content, Colombia suggested in 2011 that they be succeeded by Sustainable Development Goals (SDGs), and the UN secretary-general (Ban Ki-Moon) established in 2012 a task force to establish global goals for the period after the expiry of the MDGs in 2015. These goals were to embody all three of the dimensions of sustainable development, the environmental, economic, and social dimensions, together with their inter-linkages. This process resulted in agreement in 2015 to adopt the current SDGs.

The title of the agenda adopted by the UN General Assembly was 'Transforming our World: The 2030 Agenda for Sustainable Development'. The selected goals attempted to tackle not only global problems but also their causes. Thus the opening goal was the abolition of poverty worldwide, to be tackled in part through reducing gender inequality (recognized to perpetuate poverty). The second goal was the ending of hunger, through attention to improvements to agriculture and nutrition.

Several of the seventeen goals concern environmental sustainability. Thus the goal about health includes a target to reduce deaths and illnesses from pollution-related diseases, which include pulmonary diseases from dust-storms and smog, as well as from carbon emissions. The goal of clean water and sanitation for all could improve the environment for millions, and is widely claimed to be indispensable if any of the other goals are to be achieved, but would require extensive international funding. The related goal of making cities and communities sustainable may promote both cleaner air, urban gardening, and an increased recycling of waste products. Similarly the goal of 'responsible consumption and production' requires efforts to make both consumption and production sustainable.

Other goals relate yet more closely to environmental concerns. The goal of climate action calls for efforts to combat climate change both through controlling emissions and through promoting renewable energy (see Figure 4), thus linking with the goal of affordable and clean energy, which requires access for all to energy that is 'affordable, reliable, sustainable, and modern'. (Nothing is said about whether this is meant to include or exclude nuclear energy. But it is again clear that massive international funding will be required to introduce renewable energy systems in developing countries.)

The goal of 'life below water' seeks to 'conserve and sustainably use the oceans, seas and marine resources for sustainable development', leaving it open whether this is aimed purely at human interests or at those of marine creatures as well, although mention is made at one point of 'ocean health'. The goal of 'life on

4. San Gorgonio Pass Wind Farm, Palm Springs, California: a key source of renewable energy—making the desert bloom.

land', however, more helpfully seeks to 'protect, restore and promote sustainable use of terrestrial ecosystems, sustainably manage forests, combat desertification and halt biodiversity loss'. For these sub-goals require the preservation of ecosystems and species, whether in the human interest, for the sake of non-human creatures, or, as seems the likely intention, for both.

Some critics have suggested that the 169 targets of the SDGs make them unwieldy and unmemorable. But this problem could be overcome through suitable presentation of the seventeen central goals. Another criticism is that these goals jointly require growth in global production, and that this would undermine their ecological objectives. It is true that these goals would involve increased electricity generation, to satisfy currently unmet human needs. Yet increases in renewable energy generation need not subvert either species or ecosystems, and if adopted in place of mining and excavation could help to keep carbon-based fuels in the ground. While the attainment of some goals could conflict with that of others, the risk of (say) all the ecological targets being undermined by success with the other targets appears slender.

Certainly, practices can only be held to be sustainable if they do not undermine other potentially sustainable practices. If, for example, would-be sustainable agriculture were to undermine significantly the habitats of wildlife and thus its preservation into the future, that would show it not to be sustainable after all. Agricultural policy makers need to bear this problem in mind, but it cannot be assumed in advance that they will fail.

An important principle for all parties to bear in mind is the Precautionary Principle, which advocates action to prevent outcomes from which there is reason to expect serious or irreversible harms, even in advance of scientific consensus being reached. (Waiting for scientific consensus could in such cases mean allowing preventable disasters.) This Principle clearly coheres with the consequentialist approach to ethics presented in Chapter 4. One version of this Principle was included in the Rio Declaration of 1992, although that version merely made the absence of scientific consensus no reason to avoid action but implicitly allowed other reasons such as costs. Policies that could significantly undermine the habitats of wildlife would need to be rejected if this Principle is honoured. Several actual disasters (such as prescribing thalidomide to pregnant women) could have been avoided if this Principle had been internationally recognized earlier than it was.

Manifestly there are risks that some (perhaps many) of the SDGs will not be delivered by 2030, despite the progress made towards some of them at Paris (2015) and Kigali (2016). Trillions of dollars would be needed every year to attain these goals, and yet not many countries attain even the UN goal of 0.7 per cent of gross domestic product (GDP) allocated to foreign aid.

Further, some of the goals could be held to be insufficiently ambitious. An income of US$1.25 per day has been retained as the threshold of absolute poverty, a threshold that many hold to be far too low; thus it is feared that the attainment of the first goal would not solve the problem of poverty, which is widely held to be a precondition of solving global problems in general. Yet international agreement about goals and targets is likely to galvanize far more effort and commitment than would arise in its absence. The adoption of these particular goals is foreseeably beneficial, and is thus (despite the various problems) to be welcomed.

Meanwhile the participation of individuals is being fostered through the ongoing 'Global Goals' Campaign. Participation in this is one of an increasing number and range of emerging opportunities for active global citizenship. Those who see themselves as global citizens recognize the rights of people everywhere, and that their own responsibilities straddle national boundaries. Examples of these responsibilities include joining in efforts to tackle environmental problems, many of which bestride frontiers (and species boundaries too). Even if other problems did not call for global citizenship, the worldwide and systemic nature of environmental problems makes the case for global citizenship inescapable.

Ecological preservation

Some readers who recognize the need for SDGs to end poverty and hunger may be more hesitant about goals to preserve biodiversity, even if they accept such environmental goals as the goals to limit carbon emissions and to replace energy generation from fossil fuels with electricity from renewable sources. So it is worth reflecting on what makes biodiversity loss a global problem, and what forms of preservation should be pursued.

The grounds of much preservation rests on the symbolic value of historical landmarks or artefacts (think of the Bayeux Tapestry), and similar grounds apply to the preservation of significant fossils such as archaeopteryx. But the grounds for preserving living species, sub-species, and the habitats on which they depend do not turn in the same way on human aesthetic responses or on historical or scientific interest, even though wonder at the natural world is a key motive, and perpetuating opportunities for future generations to share such feelings and responses itself constitutes one of the grounds for ecological preservation.

The extent and scale of biodiversity loss should first be remarked. Losses to biological diversity (animals, plants, and other creatures) have become so vast that the rate of loss may already be exceeding the rate of diversification implicit in the evolutionary process itself. Of an estimated total of nine million species, something like a quarter are at risk of extinction over the coming three decades. Since under two million have been identified, many could well be lost before even being noticed or recognized. Losses are particularly striking in vulnerable areas such as wetlands, estuaries, coral reefs, and rainforests, where species diversity is at its greatest. At the same time, deforestation is probably affecting global climate, and thus multiplying global climate change for creatures of every species.

Admittedly there are problems about the definition of 'species'; but working scientists assume that these problems can be solved. Thus on one definition, species are populations whose members are capable of inter-breeding and producing fertile offspring. While this definition does not work for species with asexual forms of reproduction, and turns out to supply sufficient but not necessary conditions for being a species, it is successful enough to show that species are not mere subjective constructs, but distinctive objective units of the evolutionary process of speciation.

Yet extinction rates of species are accelerating, and a million species may have been lost already. Relatedly, the extinction of any species involves the loss of the value which would have been carried by subsequent generations of that species, the lives of which are now pre-empted. In combination, all this shows species-loss to be a global problem, even without the human interest in species preservation being considered.

Nevertheless, the reasons for preventing species-loss should be further considered. Some thinkers take the view that the reason for preserving biodiversity is its aesthetic value for human beings. This is sometimes said to consist in the emblematic value of species such as eagles, which are held to symbolize American values, while others include the appreciation of clusters of species as experienced by eco-tourists. But these grounds at best justify localized preservation, and are prone to fluctuate with the waxing and waning of human tastes.

More impressive is the argument that compares living nature to a genetic library, and the destruction of forests to burning a library of volumes that remain unread. This is in part an argument from the value of scientific study, and the way that it adds to human understanding and flourishing.

It is also an argument from the uses that widely result from the study of wild species. Thus crop failures are sometimes overcome through the discovery of genes resistant to predators and carried by the wild relatives of food plants, such as the variety of wild maize (mentioned in the Brundtland Report) found in a Mexican forest under threat of destruction, a variety which could prove vital to the world production of maize.

Also a high proportion of pharmaceutical products have been discovered in the plants or other creatures of rainforests, and there is every reason to preserve such ecosystems, endangered species included, to allow the search for further remedies to continue. This is implicitly an inductive argument from the frequency of discoveries of remedies to the likelihood of further discoveries, if their possibility is not foreclosed. It also epitomizes arguments for preservation based on the 'ecosystem services' of natural systems to humanity.

A further argument relates to the dependence of humanity on nonhuman nature. Wild populations and species have been compared by Anne and Paul Ehrlich (1994: 335) to the rivets which hold together an aeroplane. Many rivets can be removed before the plane becomes unsafe, but it is unwise to rely on a plane from which rivets are regularly removed. Analogies are not arguments, but the multiple dependencies of humanity on nature suggest that this particular analogy upholds wise policies of preservation. To cite one of many examples, James Lovelock has discovered the production by the bacteria of estuaries and continental shelves of dimethyl sulphide (which regulates the proportion of sulphur in oceans) and of methyl iodide (which regulates the proportion of iodine). Myriads of living creatures, humanity included, depend on the ongoing generation of these regulatory substances.

This indicates the dangers of human interventions with the biota of continental shelves and estuaries (dangers which can be recognized whether we endorse Lovelock's planetary theories or not). Forests too, it turns out, are vital for regulating rainfall, absorbing carbon, and preserving levels of atmospheric oxygen (roles which have come to be known as 'ecosystem services'). Most living creatures turn out to depend on the intactness of such planetary systems. So the current argument is based not only on human interests but on those of the generality of living creatures.

These various arguments supplement arguments from the intrinsic value of the well-being of the creatures themselves, whether present or future, and help explain why biodiversity loss is a major global problem, and why its preservation warrants inclusion in the SDGs. This does not mean that there are no problems about the nature and extent of preservation, problems discussed in the following section, but it does indicate that the preservation of natural systems and of major habitats such as rainforests and coral reefs is vital, and needs to figure in any programme of sustainable development, whether grounded on human interests alone or (as has been advocated in earlier chapters) more broadly.

Forms and limits of preservation

The Convention on Biodiversity, initiated (as we have seen) at the Rio Conference of 1992, was furthered by an agreement made at Nagoya, Japan, in 2010, concerning genetic diversity, the regulation of genetic resources, and the restoration of degraded ecosystems (such as the Colorado delta in Mexico). It was also agreed then to enlarge funding by developed countries for biodiversity protection in biodiversity 'hot-spots' in developing countries. The subsequent SDGs concerned with 'life below water' and 'life on land' were endorsements (on the part of a larger number of signatories) of the Nagoya provisions.

But as John Passmore once remarked, not everything can be preserved, and so preservation has to be selective. While it is sometimes feasible to restore an ecosystem to its condition prior to human intervention, this aim is often unachievable, partly because human intervention has generated new ecosystems, with species dependent on (for example) grazing by domestic animals such as sheep, and partly because ecosystems are never static but constantly in a dynamic state of flux. (Thus restoring the forests of Hawaii to their pre-European or their pre-Polynesian condition turn out not to be practicable propositions.) While particular species can be restored to their historical habitats (such as sea eagles in Scotland and red kites in Wales), it is not feasible, even if it were desirable, to erase the impacts of human settlements and return those places to their condition at the end of the last Ice Age.

Critics of ecological restoration also claim that if the objective is the promotion of biodiversity, humanly modified areas are often at least as biodiverse as the corresponding pre-human ecosystems. While this is sometimes true, it is not always a conclusive reason to take no action. The biodiversity of some parks, gardens, and arboretums often warrants preserving their present condition (where possible) rather than their conjectural past. But where current biodiversity has resulted from the introduction of species (such as minks in England, rhododendrons in Scotland, eucalyptus in Africa, and wattle in Australia) which threaten the continued existence of the species present before their introduction, long-term biodiversity is best secured through attempting to remove them.

Not all alien species should be eradicated; for example, it would be pointless to eradicate culturally well-established species introduced into Britain such as rabbits and horse chestnuts. But sometimes alien invasive species (such as eucalyptus in Africa and snakehead fish in the USA, prone to undermining the creatures of native ecosystems) must be removed if future generations are to experience traditional ecosystems, and the range of biodiversity that they encompassed is to survive and have future generations of its own. The interests of these systemically related future generations outweigh in such cases those of future generations of invasive and disruptive species.

Restoration of forests can also be justified where human exploitation or conflict has led to their removal. Northern and central Ethiopia, for example, have lost most of their tree cover through civil war; in Haiti, however, deforestation has been due to exploitative farming. The efforts of these countries to re-afforest the affected areas should be applauded, whether the resulting woodlands closely resemble the woodlands of the past or not.

It should not be forgotten that one of the main causes of deforestation is conflict (often in the form of civil wars), and that another is exploitation by farming or mining (such as the illegal gold extraction that continues to affect much of Colombia). Warfare is among the biggest threats to natural systems. Resolving conflicts and curtailing exploitative forest clearances (as in the restoration of the cloud forests of Costa Rica) must figure prominently in attempts to preserve the world's remaining forests. 'Rewilding' them so as to reverse the impact of humanity will seldom be feasible, but allowing them to recover from the grosser scars on the landscape is more often attainable and worth attaining.

Other critics of ecological restoration urge us to accept what they call 'novel ecosystems': areas affected by human interventions but currently sustaining themselves without further human interference. This concept, however, is difficult to evaluate, as almost all the areas affected by human interventions (ice-caps excepted) continue to be managed or otherwise affected by humanity.

What we have to recognize is a whole range of humanly influenced ecosystems, from most of the Amazon rainforest (long since affected by its human inhabitants, but well worth preserving), to industrialized cities, brown-field sites, and derelict canals. While these cannot be restored to a pre-human condition, many can be enhanced so that cities include green spaces and urban agriculture, and enhanced waterways can be restocked with aquatic wildlife.

Sites such as these do not comply with the concept of novel ecosystems, but can serve the preservationist aim of re-introducing ecosystems that thrive through a combination of human management, natural processes, and human forbearance. Accordingly the earlier contention that ecological preservation must play a central role in policies of sustainable development turns out to be amply vindicated.

Chapter 6
Social and political movements

Deep Ecology

Large contributions have been made to environmental ethics by social and political movements. Some of these are briefly introduced here. While Deep Ecology has already been mentioned in Chapter 1, it is worth returning to it, to compare it with other movements such as ecofeminism, which has often been opposed to it, despite possibilities for joint campaigning. Social Ecology, the Environmental Justice Movement, and Green political movements will also be considered.

Deep Ecology commendably stresses the long-term, global, and inter-species aspects of environmental concern. The Norwegian philosopher Arne Naess was its most famous proponent, and has put forward what he calls 'the Deep Ecology Platform'. As we saw in Chapter 1, this platform favours equality within and between species, upholds diversity both of life-forms and of cultures, rejects all forms of exploitation, and supports the broadest possible interpretation of the fight against pollution and resource depletion. Further, it fosters human societies in which multiple forms of work are respected and integrated. This movement has found followers particularly in Australia and United States. It has also proved attractive to some adherents of James Lovelock's Gaia theory, for whom the Earth is a self-regulating and interconnected system; but

Deep Ecology advocates defending planetary nature everywhere, and not only the rainforests, estuaries, and continental shelves which Lovelock regards as distinctively vulnerable, and urges us to leave intact.

The value-theory of Deep Ecology is based on self-realization, which involves, according to Naess, our identification with other living beings. Our identity already, he claims, includes whatever we are related to, whether human beings or other species; and realizing our true selves involves expanding and merging what we see as our individual interests with those of other beings, however diverse, and reacting so as to defend them accordingly. Where ethics is concerned, it suggests that once this kind of identification is achieved, no further ethic or ethical reflection is supposedly needed.

Yet many people have an ethical concern to defend other people, other species, and ecosystems such as rivers and mountains, without identifying with them. This is all possible without seeing others as a greater self of which we are just an aspect. We are able to respect other people and significant places just because we have distinct identities. It is our own very distinctness that gives our ethical convictions their role. The kind of motivation stressed by Naess can be important, offering those who follow him crucial imaginative possibilities. But other kinds of motivation, not based on self-defence, but on respect for and love of other creatures, landscapes, and environments, can be equally important, and uphold the kind of ethics which can weigh up diverse and sometimes conflicting concerns and priorities, such as present interests and future ones, or those of different species.

Other problems arise about the aspiration of Deep Ecology to reduce the human population; but this topic has already been discussed in Chapter 1. What can here be said for the first time is that the kind of ethical reflection which was discussed in Chapter 4, and which Deep Ecology, through its claims about the sufficiency of identification, implicitly discourages, is all-important, both for shaping the human future and for the health of the planet. The hard work of ethical reflection should not be side-lined, attractive as the case for expanded identification may often be. For this reason, Deep Ecology should not be considered the last word in environmental ethics, even though it has opened the eyes of many to environmental problems and to social possibilities, both local and global.

Ecofeminism

Françoise D'Eaubonne devised the word 'ecofeminism' as long ago as 1974, for reflection and activism related to the intersection of feminism and environmental thought. In its early days, ecofeminism developed insights such as that of Simone de Beauvoir, who had earlier maintained that patriarchal (or male-dominated) systems treat women and nature alike as 'other'. These insights were taken further by Karen Warren, who stressed the links connecting exploitative relations between men and women and exploitative relations between humanity and nature. These, she claims, are closely associated forms of oppression, and neither can be overcome without due attention being paid to the other. While ecofeminism has presented important additional themes, this was its original central emphasis.

Others have pointed out that there are many forms of oppression and domination, including racism, classism, the exploitation of workers, and the persecution of religious and sexual minorities, as well as sexism and the human domination of nature. Equity might here suggest that they should all be tackled whenever they arise, and simultaneously if necessary. Ecofeminists (and Deep Ecologists too) would not disagree, but ecofeminists assert close historical connections between the oppression of nature and that of women in particular (and often berate Deep Ecologists for decrying the former while remaining relatively silent about the latter).

Connections of this kind have been affirmed by Carolyn Merchant, who contrasted pre-modern respectful attitudes to 'mother Earth' with early modern and subsequent advocacy of exploring nature's secrets (through mining and experimentation) and, equally, in the name of scientific inquiry, the practice of vivisection. Whether or not these historical changes of attitude bear out a conceptual connection between attitudes to women and to nature, or instead reflect persistent metaphors (like 'putting nature to the test') used to justify diverse and often exploitative practices, these historical links have been held to require that exploitation of nature and of women be considered and treated together.

But these two forms of oppression seem not to go together in every society. The philosopher Workineh Kelbessa relates that within his own society (the Oromo of Ethiopia), while women are often oppressed, nature and wildlife are not. This suggests that the linkage between these forms of oppression is confined to particular societies and epochs, at most. Yet it is arguably far from universal even in Western societies, where women often play a prominent part in oppressive practices like fox-hunting and other blood-sports, and to this extent figure among nature's oppressors rather than among fellow victims of oppression.

Nor are Western attitudes to nature uniformly oppressive. While many (of both genders) consume the products of factory-farms, many others campaign against this practice, and still more make strenuous efforts to protect wildlife. Thus claims about oppression should not be overgeneralized. While all kinds of systemic exploitation (including that of women) should be contested, there does not seem to be the strong systemic correlation between the exploitation of nature and of women that some ecofeminists claim.

Nevertheless, ecofeminists, in diagnosing these kinds of exploitation, have come up with valuable correctives to much previous thinking, not least about the environment. They have, for example, criticized an excessive emphasis on dualisms, and the kind of thinking that regards pairs of apparent opposites as mutually exclusive and conflicting. Thus male and female have often been treated as polar opposites, and nature and culture too, as if these categories had nothing in common. Much the same polarity has been assumed to apply to reason and emotion, reason being associated with masculinity and being valorized accordingly, and emotion with femininity and being correspondingly devalued. Ecofeminists including Warren have challenged such dualistic thinking, and have also suggested different approaches, intended to improve on them, not least in the field of ethics.

There is much to be said for ecofeminist objections to polarized thinking. Feminists rightly protest when kinds of work are stereotypically represented as men's work or women's work. Further, attitudes treating nature and culture as antithetical can produce such travesties as (on the one hand) urban contempt for rural life and (on the other) regarding only untouched wilderness and its creatures as valuable. (Some have even decried ecological restoration and its outcomes as defective and deceptive simply because they are dependent on human effort.) Yet the human engagement with nature largely takes place through farming and gardening, both of them aspects of culture, and refusal to recognize the dependence of both on nature and on natural processes frustrates both these activities, as well as diminishing our own sensibilities.

Ecofeminists have also valuably foregrounded the role of emotions such as compassion, and decried excessive emphasis on reason, not least in ethics. Val Plumwood has rightly stressed the importance of emotional sensitivity, particularly in relations with animals, and how reliance on reason and on principles alone (as in Kantian ethics) can fail to motivate the discharge of responsibilities that we intellectually endorse, and produce unnecessary self-division. At the same time, she has criticized instrumentalist and egoistic attitudes to everything other than the self, as detrimental to the kind of sensitive relations with the natural world necessary for its protection.

In a similar vein, Mary Midgley has criticized the kind of atomistic individualism which ignores both our complete dependence on others in infancy and childhood, and our willingness as adults to care for others, and which makes society a contract between rational but emotionally stunted individuals imprisoned in their own self-interest. (This criticism was echoed in Seyla Benbabib's critique of Rawlsian contractarianism: see Chapter 4.)

Yet others, in the light of such critiques as these, have advocated an ethic of care, rightly emphasizing that we learn to care within relationships. Such an ethic works best for roles within communities where responsibilities are reciprocal. But (as we have seen when considering responsibilities relating to people of the distant future) many of our responsibilities are non-reciprocal, while remaining valid and significant, and extend far beyond relationships actual or possible. Besides, the areas of morality concerned with caring are liable not to extend to further areas such as those of fairness, justice, and equity. So there are limits to an ethic of care, important as it often is, and an ampler ethic is required if, for example, the people of the next century are to be given due attention and significance.

However, the ecofeminist critique of polar thinking and of atomistic individualism comprises a major contribution to philosophy. It liberates us from individualist and contractarian understandings of society, and facilitates recognition of attitudes and emotions that make many of the virtues possible, and that patriarchal thinking all too readily ignores or suppresses. And without endorsing Deep Ecology, it helps explain the willingness to identify with other creatures which Deep Ecologists seek to instil. To its credit, it recognizes our embodied and socially embedded situation. Yet we should hesitate to regard all women as victims of oppression.

Nor, at the same time, should we underestimate the ability of women to influence and change the future of the planet.

Social Ecology

The Social Ecology movement was pioneered by the socialist Murray Bookchin, who regarded ecological problems, like other problems, as fundamentally social in nature. A strong case can in fact be made for the oppressive treatment of nature as an extension of the hierarchies of domination that have long blighted humanity, such as the oppression of one class by another, or discrimination on the basis of colour or gender. Bookchin's remedy consisted in the fostering of democratic decision-making and participation at all levels, the kind of proposal which many will find congenial as part of a solution to social and economic problems, together with some environmental problems such as emissions from vehicles and pollution of the air, the rivers, and the oceans.

There is room to doubt, however, whether this basically humanist approach has the potential to overcome the exploitation of animals, in view of their inability to raise voices of protest against their treatment in factory-farms and experimental laboratories. If it had, there would have been little or no need for the 'animal liberation' movement led by Peter Singer, or for campaigns like Tom Regan's advocacy of animal rights. People might have attempted to preserve 'ecosystem services' or to reduce their consumption of meat for the sake of their own good; but without independent concern for non-human interests, efforts to protect the natural world, wild species, and their habitats could well prove to be insufficient.

The dangers emerge more clearly in the light of Bookchin's suggestion that humanity should take charge of the progress of evolution through systematic genetic engineering. (Some advocates of the Anthropocene Age, mentioned in Chapter 1, echo this suggestion.) While there may be a place for selective genetic engineering (consistent with the precautionary principle), for example to avert malnutrition or famine, the idea that humanity might understand enough to take control of the evolutionary process in general would require a much greater grasp of biology and the good of the species to be engineered than is likely to be achieved in the foreseeable future. This suggestion amounts to advocacy of a domination over nature that is both dangerous and arrogant, just as it has been since Enlightenment thinkers first proposed it.

The Environmental Justice Movement

This is the name of a movement that campaigns against discrimination against disadvantaged groups or communities, for example with regard to exposure to radioactivity and the siting of toxic and other waste 'facilities'. Examples have included the contamination of Navaho lands in Arizona through uranium mining, and the exposure of Navaho miners there to levels of radioactivity far exceeding allowable limits. Elsewhere the planned Yucca Mountain high-level nuclear waste disposal site in New Mexico posed a threat to Shoshone and Paiute sacred lands, until this project was cancelled in 2012.

Earlier, in North Carolina, the citizens of Warren County, most of whom were African Americans, protested unsuccessfully against the siting of a polychlorinated biphenyl (PCB) dump in their community. This protest inaugurated the Environmental Justice Movement, and led to a study by the United Church of Christ Commission for Racial Justice (1987) disclosing that hazardous waste sites tend to be placed in areas with large minority populations.

This practice turns out not to be confined to the United States, but to have an international dimension. Western companies have often dumped toxic wastes at sites in West Africa, and electronic waste, full of heavy metals and other hazardous substances, has been exported to India, Africa, Bangladesh, and China. Lax regulation at such sites often allows children to use dangerous practices in attempting to recover saleable materials, at great personal risk (as Marion Hourdequin relates). When the dumping of dioxin-laden industrial ash from Philadelphia in Guinea and Haiti (1987) and of PCB-contaminated chemical waste from Italy in Nigeria (1988) are added to the record, this practice turns out fully to deserve the label attached to it by James Sterba: 'environmental racism'.

The Environmental Justice Movement objects to unfair distributions of environmental harms such as pollution, and to inadequate procedures, as where people lack a say in decisions affecting themselves and their locality. (These are, respectively, issues of substantive justice and of procedural justice.) Thus Sterba has proposed a 'Principle of Procedural Justice', by which 'Everyone, especially minorities, should participate in the selection of environmental policies that affect them.'

But beyond procedural justice, there are also issues of recognition, as when minority peoples, because of patterns of cultural domination and disrespect, are effectively ignored, despite provisions of procedural justice intended to include them. Recognition is a worldwide problem, alongside substantive and procedural justice, and needs to be taken as seriously. Besides, there can be a lack of recognition at the level of communities, as when food insecurity afflicts communities of farmers through the unintended impacts of policies of multinational companies.

Environmental injustice in Africa is not confined to the dumping of toxic wastes on Africa's western coast, as Kelbessa points out. Containers full of toxic waste were dumped a short distance off-shore along over 400 miles of the eastern coastline of Somalia, when it had no government to object. Then waves from the Sumatran tsunami of 2004 broke open many of these containers and scattered their contents (including radioactive materials and heavy metals) over the surrounding area, causing untimely deaths and probably some of the local cancer clusters. These harms are set to continue until preventive measures can be initiated by the recently installed government. This terrible story exemplifies issues of substance, procedure, and recognition alike.

The Environmental Justice Movement, then, turns out to have worldwide implications (as the Bhopal disaster serves to confirm, and likewise the global spread of oil-spills), and raises important issues of justice between members of the current human generation, which bring out the need for principles of compensation as well as of distribution, procedure, and recognition. Whether the principles and practices needed to resolve these issues (compensation included) can be fitted into the kind of consequentialist framework commended in Chapter 4 is for the reader to judge, and must be set aside here. It must be clear, though, that the overall impacts of such remedial practices must be taken into account in appraising them.

The more immediate question concerns the relation of this movement to environmental ethics and its scope. One answer is that the insights of this movement must not be forgotten when issues of contemporary justice are being considered, even though there are contemporary inter-human issues such as inter-state relations on which it has little to say. Another is that justice between generations matters as well as justice within generations (see Chapter 3). This was recognized in the principles adopted in 1991 by the First National People of Color Environmental Leadership Summit, and is routinely stressed by indigenous campaigners in many countries. Other parts of this movement, however, may sometimes be in danger of failing to emphasize issues of inter-generational justice.

Yet another is that this movement shares some of the limitations of the Social Ecology Movement in being confined to human interests, and that unless non-human interests are taken into account, decisions could well fail to be right or just. For justice cannot reasonably be restricted to inter-human dealings alone. Nevertheless, the movement has drawn attention to forms of oppression and discrimination which had previously been largely overlooked, and which any satisfactory environmental ethic needs to highlight and seek to halt.

The Green movement

Green political movements have prioritized various themes of the movements discussed in this chapter, together with policies of sustainability, climate change mitigation, and adaptation, and of resistance to pollution and polluting processes. In the light of humanity's carbon budget (see Chapter 8), they characteristically support energy generation from renewable sources, and oppose the mining and extraction of fuel, particularly through new technological processes such as fracking, holding that coal, gas, and oil are best kept in the ground. Some of their members adhere to stances that Naess would consider 'Deep', others stances he called 'Shallow', and yet others a whole variety of intermediate positions. Importantly they are widely prone to oppose the assumption that economic growth is to be welcomed.

This is not the place to survey the fluctuating fortunes of Green parties, whether in Britain, other European countries, or elsewhere in the world, nor their detailed economic policies, nor the alliances that some have formed to take part in governmental coalitions. But it is worth considering how self-proclaimed environmentalist parties have been able to participate in the democratic processes of (more or less) liberal and market-oriented societies, with the associated need to appeal to their electorates. To what extent can environmentalism be reconciled with 'liberalism' and with growth-oriented economies?

Konrad Ott distinguishes four forms of opposition to growth. The first rejects treating GDP as the criterion of success and national well-being, preferring the goals of quality of life and of happiness. Many organizations, including most Green parties, would endorse this approach, which does not insist on negative growth-rates, but accords growth-rates secondary or subordinate importance. (Meanwhile countries such as Bhutan and Costa Rica claim far to outstrip more developed economies in their happiness levels.)

A second variety seeks to reduce the impacts of growth on natural systems, emphasizing strong sustainability, and simultaneously fostering sustainable development in developing countries. As mentioned in Chapter 5, the pursuit of strong sustainability diverges from maximizing benefits for humans, sometimes on non-anthropocentric grounds. Efforts to preserve species and wild habitats comply with these aims, and enjoy wide and growing support. A possible future development of this variety would aim at greater global equality.

A third type seeks to reinstate communal conviviality, upheld by the kind of virtues commended by virtue ethicists. The suggestion is that in such societies the foregone gains of growth would not be missed. Yet, we might comment, they might well be missed by the poor and the disadvantaged, unless special provision is made for these groups at the same time.

A fourth type takes the view that capitalist modes of production and distribution are incompatible with all the varieties of de-growth mentioned here, and need to be replaced with cooperative structures. But a variant of this type takes the view that such changes would risk losses of liberal freedoms, and that particular moves away from capitalism therefore need to be carefully evaluated. An argument supportive of the suggested incompatibility is that the growth inherent in capitalism cannot continue forever, and must eventually come up against limits to finite resources. A reply is that the incompatibility is with *unbridled* capitalism, whereas forms of liberal society that recognize limits to growth, regulation of capitalist enterprises, and goals such as quality of life and strong sustainability remain possibilities, whether introduced by Green parties or by others.

These considerations bring to the fore the extent to which political environmentalism is compatible with liberal democracy. The tensions are between the kinds of regulation of production and consumption that consistent environmentalists are committed to favour to attain strong sustainability and preserve the natural world, and the liberal belief in individual choice.

Some forms of liberalism insist on market economies being untrammelled. But there are other forms, such as that of John Stuart Mill, which recognize limits to growth, and goals such as the preservation of wildlife and of related habitats (whether for the sake of our successors or of wildlife itself). These forms are less intransigent, while remaining committed to liberal freedoms such as freedom of speech. In exercising the liberal right to vote, people are free to support this kind of liberalism, and in this way the tensions are capable of being overcome.

One example of possible conflict between liberalism and environmentalism concerns automobile use and ownership. The congestion and pollution caused by the use of cars are becoming intolerable, particularly when we consider both emissions contributing to global warming and those (such as nitrous oxide and particulates) that undermine air quality and contribute to disease and premature death. Many democratic authorities have been led to consider either restrictions on car use in certain areas, or subsidies for the scrapping of older and polluting cars. While motoring organizations uphold drivers' freedoms, and press for more roads, it is by no means clear that such liberal freedoms should have the last word, or that Green advocacy of walking, cycling, electric cars, and use of public transport should not be heeded.

A comparison and overview

Social Ecology and the Environmental Justice Movement serve as correctives to Deep Ecology in foregrounding the social structures in which environmental problems are often found. But Deep Ecology and many ecofeminists serve as correctives to these movements in their turn, with their concern for non-human creatures, their species, habitats, and ecosystems.

Ecofeminists add the importance of avoiding polarized thinking and of contesting oppression in all its forms, and their understanding of human agents as embedded in relationships, and as responding to nature and society through emotional ties as well as reasoned principles. The Environmental Justice Movement stresses environmental injustices both within and between societies, and reminds us not only of people's right to be recognized and consulted about their environment, but also of the importance of present compensation for past inequities, and of future compensation for present ones. Green movements (and Deep Ecology too) contribute an emphasis on our obligations to future generations and to the non-human world.

The opposition of Greens to growth can assume different degrees of plausibility, with their stress on quality of life rather than GDP and on strong sustainability among their more defensible themes. Tensions can arise between environmentalism and liberalism, but they are not always insuperable.

Chapter 7
Environmental ethics and religion

Lynn White's critique

This chapter opens with a discussion of a widely influential attack on Judaeo-Christian attitudes to nature which finds in them the roots of our ecological problems, and proceeds to expound and defend the stance of stewardship adopted not only by Christianity but also by Judaism and by Islam. Given that the cultures of approaching half of humanity are strongly influenced by one or other of these three theistic faiths, and that secular versions of stewardship are available (arguably in a defensible form) to people from these cultures who have abandoned religious belief, and to people from other cultures too, a focus on theistic religions and the related tradition of stewardship is indispensable in an introduction to environmental ethics (however short). Nevertheless the other religions of the world have made their own contributions to the care of the environment, and the chapter concludes with a survey of some of the more striking of these contributions.

It is widely believed that Western forms of religion have fostered an anthropocentric attitude to nature, and with it a despotic and domineering approach. At the same time, millions of people in the West and elsewhere believe that humanity's relation to nature is that of a steward or trustee, many of them holding that in this role they have ethical responsibilities and are answerable to God for discharging them.

In an influential essay of 1967, Lynn White Jr argued that Christianity is essentially human-centred and committed to an arrogant and despotic attitude to the natural world, holding that it is God's will for humanity to exploit the Earth. White was an expert on medieval technology, and presented the introduction of heavy ploughing in the 7th century as epitomizing Western Christian arrogance. Humanity, he claimed, became at this stage the exploiter of nature. Yet he exempted Eastern Christianity from these charges. His remedy was the adoption of Zen Buddhism or, failing that, embracing the attitudes to nature of St Francis.

White's essay was much anthologized, and his message was widely disseminated in popular literature. This makes it worth saying that his main book on medieval technology took a much more nuanced and qualified approach to the same topics. Heavy ploughing, he relates in his book, began in the pagan ancient world, and was spread, among others, by the Vikings before their adoption of Christianity. White's essay, however, omitted such nuances and qualifications.

Other commentators hold that medieval Christianity was used to bless and justify technological advances in the West (like heavy ploughing) that were happening anyway, driven by economic rather than theological pressures. The exploitation of nature, begun in ancient times, was intensified in that period, but Western religion can hardly be held to be its origin or driving force.

Later, early modern Christianity certainly encouraged the scientific quest for laws of nature (think of Kepler, Galileo, Boyle, and Newton), as also had medieval Islam, to discover the creator's plan. But none of this makes Christianity human-centred, let alone commending the ruthless exploitation of nature for human purposes. The Old Testament has prohibitions against maltreatment of domestic animals (Proverbs 12: 10) and taking mother birds from their nests (Deuteronomy 22: 6–7), and recognizes that God has created times and places for wild creatures such as lions and sea-creatures (see Psalm 104 and Job 38–41).

Jesus urges his followers to consider the birds of the air and the lilies of the field (Matthew 6: 26–9), despite the greater value of human beings, and Paul has a place for the whole creation in God's plan of salvation (Romans 8: 21–2). In short, Christianity cannot fairly be represented as anthropocentric, let alone as favouring human exploitation of nature or despotism over other species.

As for White's selective commendation of St Francis, Susan Power Bratton relates that this saint 'far from standing alone, is only one figure among a fully developed tradition of Christian appreciation of nature as God's Creation'. As will shortly be seen, there is a Christian (but not solely Christian) tradition of a much more benign attitude to natural creatures. Nor is it likely that the adoption of Buddhism in the West would make a crucial difference; for, as John Passmore has remarked, Eastern religions have not in practice usually prevented the degradation of the environment in the countries of their greatest influence. And as Passmore further maintained, ethical traditions can only develop where what he called their 'seeds' (or incipient traditions) exist already, seeds of a kind which he discovered within Western traditions.

Nevertheless White's article stimulated theologians to develop what is often called 'ecotheology', or a theology of nature and of humanity's obligations towards the planet and its creatures. It also led to studies of the teachings of the various religions about nature and ecology. Indeed, White was later able to claim credit for making these developments possible.

Stewardship

Among the Western traditions depicted by Passmore is that of stewardship, for which humanity is answerable for the conservation and care of the natural environment. Passmore considered this tradition as latent between pagan pre-Christian writings and its assertion or re-assertion by Sir Matthew Hale (17th century). But his mentor Clarence J. Glacken regarded it as the general stance of the Old Testament, from the command to 'dress and keep' the Garden of Eden (Genesis 2: 15) onwards. He also shows commitment among church fathers such as Basil, Ambrose, and Theodoret to another benign tradition mentioned by Passmore, for which the role of humanity is to enhance the beauty and fruitfulness of the world of creation, thus completing the creator's work. The monks of the order of St Benedict, for example, often saw themselves in this light.

Glacken's interpretation of the Old Testament has in effect been endorsed by Jewish writers like Jonathan Helfand, who stresses that 'The Earth is the Lord's' (Psalm 24: 1). He accepts that for monotheistic religions such as Judaism nature is not sacred, but insists that, for Judaism, humanity is responsible and answerable to God for its use. This raises the question of whether the stewardship tradition is capable of being secularized, and appropriated by people and institutions that have discarded belief in God. That is a question to which we shall return.

For Islam, as S. Nomanul Haq relates, the world was created for humanity, but for all generations and not just one. Humanity is God's *Khalifa* (deputy), and human beings are thus global trustees, accountable for their treatment of nature and other creatures; hence mistreatment brings punishment. While the Qur'an makes nature subject to humanity, it does not grant unbridled exploitative powers over it, for it ultimately belongs to God. Within Islamic tradition (*Hadith*), there is provision for recognizing *hima* (protected pasturage, with special protection for resident flora and fauna), and also for *harun*, sanctuaries where killing animals of game species is forbidden, and where springs and water-courses are respected.

Fazlun Khalid has related (in an address given at Cardiff University in 2013) that as soon as Qur'anic insights about responsibility for the environment were translated into Swahili in 2001, and shown to the fishermen of Zanzibar, they immediately abandoned their long-standing practice of dynamiting coral reefs. (See Figure 5.) This practice was known to be illegal. But to them disobedience to the state was one thing; disobedience to Allah was quite another.

Thus while some other religions have regarded nature as sacred, the three great monotheistic religions (Judaism, Christianity, and Islam) have authorized its study and its use to satisfy human needs, but have also conferred on humanity the role of stewards

5. Fishermen off the East African coast blast their catch out of the water; blast fishing illegally harms coral reefs, contrary to Islam.

or trustees of the natural world. This is a tradition of which Passmore commends a secular continuation. It remains to be seen whether stewardship is open to any of the many objections that have been raised, and whether secular stewardship is possible.

Criticisms of stewardship

While stewardship is widely accepted in one form or another, numerous criticisms have been mounted against it. Several of these are considered here.

Sometimes stewardship is considered to be indelibly associated with its ancient and medieval origins, where the role of stewards included the supervision of slaves or serfs. To this criticism, Jennifer Welchman has replied that we do not dismiss democracy because it too originated in a slave society (ancient Athens). Another example of a practice that has outlived its social origins and is not regarded as besmirched by them is philosophy itself. The absence of underlying links between stewardship and evils such as oppression and sexism is borne out by the widespread alternative names used for this practice, 'curatorship' and 'trusteeship'. (Significantly, the goods of which curators and trustees have charge have a value recognized to be more than instrumental.) The response given here is relevant to stewardship in its secular as well as its religious version.

Stewardship is also held, because of its religious origins, to prevent respect for the natural world. The very distinctness of God as creator from nature is taken to detract from its value, by comparison with pantheism, for which God is co-extensive with the world. White's aspersions on Judaeo-Christian theology have sometimes stimulated this objection.

Belief in creation certainly advocates worship of the creator and not of creatures, but it also involves regarding the world as an expression of God's creative purposes, and God as indwelling the world (rather than absent from it, as some critics suggest). It requires human beings to respect nature as God's creature(s), and other creatures as fellow-creatures. For pantheism, by contrast, God is material, and there is no creator to whom worship and service are owed, and no creative purposes either.

While the Old Testament confers on humanity 'dominion' over nature (Genesis 1; Psalm 8), dominion is misinterpreted if it is taken to authorize human domination. Rather the commandment to take care of the garden in which the first people were placed can be understood as requiring a responsible and answerable attitude, one of stewardship. And while these are primarily replies that defend stewardship in its religious form, they also suggest that its secular versions, for which the language of creation and creatures is at best a metaphor, are immune from parallel objections despite their frequent indebtedness to religious language.

Many critics claim that stewardship is invariably anthropocentric. Some varieties certainly have been so, including those of Jean Calvin and of Islam (which, however, also require respect for God's creatures). But adherents of stewardship have often been non-anthropocentric; examples include such church fathers as Basil and Chrysostom, and such early modern figures as Sir Matthew Hale, John Ray, and Alexander Pope.

Non-anthropocentric stewardship has been advanced in recent times by the General Synod Board for Social Responsibility of the Church of England, and by such secular writers as Richard Worrell and Michael C. Appleby, whose definition is worth quoting in full:

> Stewardship is the responsible use (including conservation) of natural resources in a way that takes full and balanced account of the

> interest of society, future generations, and other species as well as private needs, and accepts significant answerability to society.

This definition, besides disarming those who represent stewardship as invariably anthropocentric, also suggests an answer to the frequently posed question to what or to whom secular stewards are answerable.

Other critics accuse stewardship of managerialism, suggesting that it involves human interference with the entire surface of the planet to enhance the productivity of nature's resources. So stewardship is charged with an instrumentalist attitude to nature, and of adopting a managerial model. As Clare Palmer concludes,

> Stewardship is inappropriate for some of the planet some of the time, some of it for all of the time (the deep oceans), and all of it for some of the time—that is, before humanity evolved and after its extinction.

But there is no need for adherents of stewardship to adopt an instrumentalist attitude to nature, particularly when many Biblical passages appear to recognize its intrinsic value, and many Qur'anic passages resist such an attitude. Further, recognition of non-instrumental value involves respect for other species and their habitats, and thus refraining from colonizing the entire surface of the planet. Besides, stewardship is far from synonymous with interventionism, and is consistent with letting-be, appropriate for Palmer's own example of Antarctica, among many other places.

While Palmer rightly holds that there was no human responsibility before humans evolved, and that there will be none after human extinction, responsibility remains possible for the entire sphere of nature that human beings can affect, including nowadays the deep oceans, the solar system, and much of outer space beyond it. Unless the increasing human power is exercised with responsibility, global problems will be intensified. Thus, far from stewardship being inappropriate for any regions open to human impacts, human technology makes stewardship indispensable. It was, indeed, the very arrival of humanity on the planetary scene that made stewardship both possible and necessary. These defences apply to religious and secular stewardship alike.

James Lovelock has suggested that stewards will be prone to reach out for technological solutions to environmental problems, such as geo-engineering to solve the problem of climate change, and will support, for example, saturating the oceans with iron chloride to fix surplus carbon dioxide through the growth of algae. But this 'gunboat diplomacy' approach (as he calls it), or techno-fix mentality, conflicts with recognizing the Precautionary Principle, which environmental stewards are likely to favour without inconsistency. For his own part, Lovelock advocates seeing ourselves as planetary physicians (rather than stewards), taking steps to protect vulnerable species and mitigate greenhouse gas emissions. The role of planetary physician, however, is consistent and co-tenable with the role of steward, as long as neither is construed as involving planet-wide interventionism.

Yet further critics of stewardship maintain that it is liable to ignore social and international justice, and concentrate instead on the management of time, talent, and treasure. Some adherents of stewardship may succumb to this temptation, but they would, if so, be forgetting the ethical basis of stewardship, which includes, at least in the definition of Worrell and Appleby, fairness between generations and between species.

The appeal to ethics of these authors' secular stance is more than matched by that of Pope Francis, who in his encyclical *Laudato Si'* (subtitled *On Care for our Common Home*), advocates biodiversity preservation and urgent action on climate change, regards access to water as a human right, seeks to reduce inequality, and urges everyone to approach nature and the environment with wonder, in the spirit of his namesake, St Francis. Earlier Bartholomew, the Ecumenical Patriarch, had advanced a similar interpretation of Christian ethics.

Stewardship comprises a broad ethical platform, and is neutral between the various forms of normative ethics, such as virtue ethics, deontology, and consequentialism. So it cannot be expected to generate precise policy directives. But it is clearly committed to care for the environment and opposed to exploitation and environmental degradation, and thus guides attitudes and cannot be accused of being innocuous or vacuous. It also presupposes, in recognizing that everyone has a stewardly role, that those prevented by poverty or a hand-to-mouth existence should be put in a position to play their part. Thus the commitment of those adopting the stewardship approach to justice must mean enhancing the agency of the poor, so that they can join with the rest of humanity in the shared role of stewardship.

This conclusion presupposes the coherence of secular forms of stewardship, since religious forms are unavailable to many. But the main objection to secular stewardship, that it lacks answerability, has already been answered: secular stewards are answerable to society (both locally and globally). It is sometimes suggested that they are also answerable to future generations, but answerability to those who do not yet exist makes no sense. However, we can be answerable to our living children and grand-children, and also to the entire community of moral agents, the community which shares responsibility for caring for and preserving the environment, or rather to its present members, who are the ones in a position to hold us to account when environmental responsibilities are shirked.

Thus secular stewardship proves to be just as defensible as stewardship of the religious sort. It can thus be adopted by those who have discarded religious affiliations and by adherents of non-Western religions alike.

Contributions from other religions

But stewardship does not exhaust the contribution of religion to environmental care and protection. Other contributions include, for example, celebrations of nature, particularly when they foster love of the natural world and care for it. While many such celebrations take place in majority Christian, Jewish, or Islamic countries, others are inspired by different religious cultures and in lands influenced by them.

For example, in Japan the 'hanami' festival of flower appreciation spreads across the country as cherry trees burst into blossom, beginning in Okinawa and spreading gradually northwards across the country to the island of Hokkaido. So popular are these events that weather forecasts supply bulletins on when the blossom is expected to open. The short-lived blossom symbolizes the transience of life in Buddhist tradition, but the festivals also serve to foster love of natural beauty. As such, the festival is observed in the Japanese diaspora as far afield as the São Paulo province or Brazil, and in Vancouver and Toronto, Canada.

There are many corresponding festivities upheld by other religious cultures. No attempt is here made to be comprehensive, whether about celebrations or other traditional practices, as opposed to presenting a selection of environmentally promising customs or attitudes, often corresponding to the 'seeds' of benign Western traditions of Passmore's account.

In Chinese culture, Confucianism encourages its followers to become *ren* (virtuous or righteous), both in their actions and in their relationships. While, like the virtues of virtue ethics, this teaching is sometimes given an anthropocentric interpretation, it is capable of being extended to concern for non-human creatures (an extension that contemporary Confucians are free to consider). However, Daoism is more explicit in being environmentally benign. It rejects sharp distinctions between humanity and the rest of nature, and, according to Lao Tzu, teaches the equality of all creatures.

Marion Hourdequin draws attention to the early Daoist Zhuangzi, who imagines a fish becoming a giant bird, to the amazement of smaller creatures, and thus encourages us to change our conventional perspective and envisage new ones. In this way, the *dao* of Daoism diverges from that of Confucianism, all along encompassing the natural world and non-human perspectives, and implicitly fostering a broadening of the relationships of the virtuous person beyond relationships between human beings. This, Hourdequin suggests, opens up the possibility of an environmental ethic based on a relational self, but, unlike Deep Ecology, retaining respect for the different identities and perspectives, and the independent value, of other creatures.

Meanwhile, Simon James has commended as an environmentalist virtue compassion of the kind advocated by Buddhists. According to the Buddha, what is wrong with the world is *dukkha,* that is, suffering, understood as including dissatisfaction and cravings. *Dukkha* can be overcome through adopting an enlightened or better way of life, which will include a certain kind of compassion, one of the key Buddhist virtues.

This kind of compassion is compatible with being dispassionate with regard to *dukkha* affecting oneself, and requires overcoming self-centredness and becoming selfless. It also involves a heightened awareness of the suffering of others, without being overwhelmed by it. Such compassion (in this respect like ordinary compassion) is free from condescension, and can thus be contrasted with pity. But, often in contrast with ordinary compassion, it involves concern for the suffering of non-human animals (invertebrates specifically included); those lacking this kind of compassion are not, for Buddhists, compassionate at all.

Not everyone will agree that all dissatisfaction is to be shunned, nor that its presence should invariably prompt compassion. Discontent can sometimes lead to awareness of injustice, and to efforts to overcome it; and to this extent it can actually be welcomed. But there can be little doubt that compassion in the ordinary sense is a virtue that makes an overall positive difference to the world; and this verdict is not affected when the Buddhist requirement is added that animal suffering be included in its scope. If so, then non-Buddhists should consider broadening the scope of their compassion.

Perhaps more importantly, Buddhist teaching about *dukkha* and compassion enables Buddhists to develop their compassion so that it includes not only current suffering (whether human or non-human) but that of future beings and generations as well. In this way, the distinctive religious tradition of Buddhism can (and often does) facilitate benign attitudes to the natural world, its species, its habitats, and its climate.

Indeed in most if not all cultures, there are ethical and/or religious traditions capable of being developed to stimulate environmental consciousness. Thus among the Oromo of Ethiopia it is held to be wrong to destroy a species, as it would irretrievably reduce the creation of God (Wakka), even though reducing the numbers of harmful animals is acceptable. Besides, the Borana Oromo deliberately leave drinkable water close to wells for wild animals to drink in the night, believing that drinking water is among their rights. Practices of this kind admit of being broadened to a wider concern for wild nature.

Nor is the notion of sanctuary restricted to Western and Islamic religions. It is also to be found among the Venda, a people living in the Limpopo province of South Africa. Their sanctuaries are protected by guardians, who are themselves forbidden to harvest the fruits growing on the trees of these sacred sites. This traditional notion of protected areas has recently been spreading to biodiverse areas of land and of ocean, and has an important contribution to make to species and habitat preservation.

There again, the distinctive Bantu concept of *ubuntu*, or togetherness, advocated by many African sages, implying as it does that to be human is to be in a network of relationships, is widely held capable of fostering the kind of spirit of community needed to prevent environmental degradation and to alleviate the problem of climate change, particularly if it is extended to the biotic community, as has been proposed by Mogobe B. Ramose. This approach stresses both entitlements and obligations, extending potentially to the whole of humanity and to the whole biotic world. While not all sages adhere to such beliefs, many African leaders, including Archbishop Desmond Tutu, have suggested that this is an African contribution that can beneficially be shared with the people of other continents.

Elsewhere, some ecologically positive and widely publicized statements were presented in 1972 as the words of the 19th-century indigenous American Suquamish Chief Seattle. Speaking of his God and the God of white Americans, he appeared to have said 'Our God is the same God', going on to ask 'How can you buy or sell the sky?' and to declare 'The earth does not belong to man. Man belongs to the earth.'

Unfortunately, the director of the Southern Baptist film that presented these words omitted the acknowledgement on the part of their author, Ted Perry, that they were merely attributed to Chief Seattle. In the first written version of Chief Seattle's remarks, very different words were used, such as 'Your God loves your people and hates mine'. The film text probably made more impact through seeming to present nature mysticism from an indigenous sage; but care is needed when historical figures have contemporary (and possibly alien) thoughts placed in their mouths.

Nevertheless the words of Black Elk, from another indigenous American people, the Oglala Lakota (Sioux), were published in 1973, and appear to express the beliefs of many indigenous American cultures.

> We should understand well that all things are the works of the Great Spirit. We should know that He is within all things: the trees, the grasses, the rivers, the mountains, and all the four-legged animals and the winged peoples... and we should understand that he is above all these things and peoples.... When we do understand all this deeply in our hearts... then we will be and act and live as he intends.

To add a contemporary example, the Haudenosaunee (or Iroquois) hold that 'There is a Creator who produced the things that give bounty to this life', that 'There is a living spirit in all things—animals, plants, minerals, water, and wind', and that people should 'live in harmony with nature' as well as with each other.

Thus the creator indwells creation, creatures deserve respect, and religious devotion can be the key to protection and conservation. These thoughts would be welcome to many adherents of other Western religious traditions, and cohere well with religious versions of stewardship.

Chapter 8
The ethics of climate change

Climate change and ethical principles

Urban pollution, oceanic pollution, species and habitat loss, and the growth of deserts are all serious ecological problems. But climate change in the form of global warming is almost certainly more serious still. Besides increasing concentrations of greenhouse gases such as carbon dioxide and methane in the atmosphere, it involves rising sea-levels, the flooding of islands and coastal settlements, the shrinking of glaciers and ice-caps, increasingly frequent and intense weather events such as hurricanes, droughts, and wildfires, the migration of millions of affected people and of numerous species to less inhospitable habitats, and the threat of worse such problems for their and our descendants.

There is little disagreement about the reality of increases in levels of carbon dioxide and other 'greenhouse gases' in the atmosphere. Carbon dioxide levels have risen from around 280 parts per million (ppm) in the pre-industrial period to around 400 ppm in the present. The level of greenhouse gases is somewhat higher, since (for example) methane and HFCs have many times the warming effect of carbon dioxide. 2016, 2015, and 2014 turn out to have been the hottest years in terms of average temperatures since records began. Average temperatures may not have risen quite as much as had been feared, but have still risen by 1 degree (Celsius) above pre-industrial levels, and are on course to rise much more if preventive action is not taken.

Besides, while not quite everyone agrees that human activity is the main cause of these increases, the vast majority of scientists agree that this is overwhelmingly likely, and that global warming is 'anthropogenic' (caused by humanity). This belief is reflected in reports of the Intergovernmental Panel on Climate Change (IPCC). In 1995, IPCC affirmed that human responsibility for global warming was 'more likely than not'. By 2001 they declared it 'likely', and by 2007 'very likely'. By 2013 they concluded that it is 'extremely likely'.

At the same time, their predictions of average temperature increases above pre-industrial levels range from 1.5 to 4.5 degrees (Celsius), with a small but significant possibility of increases being yet greater still. Yet increases of above 2 degrees could well be catastrophic, which is why it was agreed at the UN Paris summit of December 2015 to limit average increases to 2 degrees at most, and to 1.5 degrees if possible.

Hence, unless vigorous and concerted action is taken, there is a significant risk of human activity generating catastrophic climate change, catastrophic both for future generations, numerous species, and human victims of flooding and other extreme weather events in the present, including people who have made little or no contribution to causing climate change. There is thus a strong ethical case for vigorous and concerted action to mitigate climate change, and, given that some climate change is already irreversible, to adapt to its effects.

However, a small minority of scientists (and journalists and politicians too) persist in denying that climate change is anthropogenic. What should ethicists say in face of such scepticism? A good answer lies in the Precautionary Principle, which specifically applies wherever complete scientific consensus is lacking. As mentioned in Chapter 5, this widely endorsed principle advocates action to prevent outcomes from which there is reason to expect serious or irreversible harms, even in advance of scientific consensus. But sceptics cannot seriously deny that there is reason to expect outcomes that will be both serious and irreversible (if not prevented), despite denials from the sceptics that there is conclusive reason to expect all this.

So everyone (sceptics included) who accepts this principle should also accept the ethical case for vigorous and concerted action. This verdict is confirmed if you glance at *The Atlas of Climate Change*, incorporating chapters like 'Disrupted Ecosystems', 'Threats to Health', and 'Cities at Risk' (New York, Los Angeles, Mumbai, Shanghai, and Tokyo among them; but for the Thames barrier, London would be another).

Further ethical principles are also relevant. For example, it is reckless and wrong to inflict harms (such as the impacts of severe weather events) on people who have played little or no part in contributing to their genesis, as was pointed out by victims of hurricane Irma, when it recently struck the West Indies (September 2017).

There again, it is wrong avoidably to lower the quality of life of future generations, as our generation is doing through its failure to mitigate greenhouse emissions (as was argued in Chapter 3 on ethical issues relating to future generations). Future generations are likely to be subject to more intense and more frequent extreme climate events (droughts, hurricanes, floods, and wildfires), to the spread of previously tropical diseases like malaria, and to rises in sea-level liable to inundate coastal settlements and entire island territories, unless we act to prevent these impacts of our emissions. (In 2009, the government of the Maldives drew this matter to world attention by holding a cabinet meeting under water: see Figure 6.)

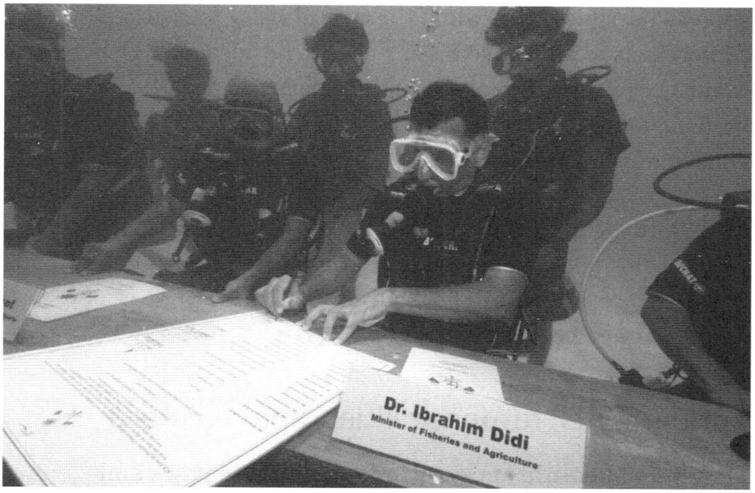

6. Underwater Cabinet Meeting, Maldives, 2009, symbolizing risk of wholesale inundation due to rising sea-levels.

Besides, it is wrong, as we have seen, avoidably to eradicate species except to prevent yet greater evils. Thus, the ethical case for strong and concerted action to mitigate climate change, to foster adaptation where it is irreversible, and, where possible, to compensate its victims is unanswerable.

Even if there were universal agreement about mitigation, adaptation, and compensation, the policies required are not immediately obvious. For there are other problems to consider at the same time, such as the needs of people and countries afflicted by poverty, problems of feeding a growing population, and ecological problems other than climate change.

Thus, issues of adaptation and of compensation have to be considered in conjunction with policies of sustainable development. Issues of food production and of the availability of fresh water need to be remembered, together with the desirability of empowering and educating women and thus stabilizing human numbers as soon as possible. Meanwhile the case already presented for preserving species and habitats needs to be heeded, together with avoidance of land degradation and the pollution of earth, air, and oceans. Integrated policies, both local and global, will be needed, challenging as this may prove.

Here, however, the emphasis will be on introducing (both locally and globally) policies of mitigation, adaptation, and compensation. For there are different defensible approaches to these issues, and it is time to consider them.

Entitlements, responsibilities, and regimens

How should entitlements to emit greenhouse gases and responsibilities to pay for mitigation, adaptation, and compensation be allocated? More than one suggested form of allocation on a global basis has been put forward.

Many (including Dale Jamieson, Peter Singer, and myself) have been attracted by a system called 'Contraction and Convergence'. The underlying principle is that each person has an equal right to emit greenhouse gases to everyone else (whether directly or from domestic animals used for transport or food). So the permissible total of emissions for a given year should be calculated and then shared among the various states of the world in proportion to their human population.

Countries wishing to emit above their entitlement would have to purchase some of the quota of countries not using their full entitlement; in this way the scheme would be redistributive, supplying poor countries with additional resources. Increasingly the criteria for entitlements would diverge from current practice and converge globally (Convergence), while the permissible total would contract to ensure global sustainability (Contraction). Hence the phrase 'Contraction and Convergence'.

In the form in which this system was initially presented by Aubrey Meyer, emissions of the past were to be disregarded, with emphasis instead on a fair and sustainable distribution in the present and future. Granted the more-or-less equal needs of present and future people, this disregard for history seemed fair. There were dangers, such as poor countries selling entitlements needed by themselves; but such problems could be overcome by placing a ceiling on emissions-trading. There was also the danger that populations would be boosted to achieve a larger national entitlement or quota; but this too could be remedied by agreeing an early rather than a later cut-off date for population numbers.

However, a scientific discovery has raised new perplexities about the fairness of this system. It turns out that if humanity is to have a 50 per cent chance of avoiding an average temperature rise of more than 2 degrees, its total of carbon emissions has to be limited to an all-time total of one trillion tonnes of carbon. For either a 75 per cent chance of 2 degrees or for a 50 per cent chance of achieving a 1.5 degree ceiling, the limit is some three-quarters of this figure, or 750 billion tonnes. These figures have become known as 'humanity's carbon budget'.

But unfortunately, 55 per cent of the budget of one trillion tonnes had already been emitted by 2009, when these figures were published by Meinhausen and others, and the rest of the budget appeared likely to be emitted by a date early in 2044. An implication was that countries most responsible for the 55 per cent already used up could not fairly claim that their inhabitants should be treated equally with residents of countries with low or negligible historical emissions.

This problem does not of itself undermine Contraction and Convergence, because that system could be modified to involve equal per capita emissions since either 1990 (when it became clear that human emissions were changing the climate) or even since 1750, the approximate date of the onset of the industrial revolution. Aubrey Meyer has adopted an intermediate position.

Yet short of some such modification, some other regimen needs to be found to reduce the entitlements of countries whose wealth derives in large part from historical emissions, so as to permit the development of countries whose comparative poverty corresponds to low emissions in the past, and, significantly, whose residents' basic needs widely remain unsatisfied. These are, after all, largely the countries with the strongest case for compensation for the adverse effects of climate change mostly generated by others.

A different system was proposed by Paul Baer, Tom Athanasiou, Sivan Kartha, and Eric Kemp-Benedict in 2008. Since funding is needed to satisfy unsatisfied basic needs in poor countries as well as for climate change mitigation and adaptation, they advocated recognition of Greenhouse Development Rights, which would be funded by an international tax on everyone with an income greater than the average for Spain. An international authority would deploy the proceeds, financing from this fund mitigation, adaptation, and simultaneously sustainable development for impoverished countries.

Subsequently, following the death of Baer, Athanasiou and Kartha, together with Christian Holz, set about updating their approach, so as to take into account humanity's carbon budget and the 1.5 degree target of the Paris conference. Human rights remained central to their approach; at the same time they have attempted to apportion the sharing of the remaining carbon budget (and the mitigation or carbon and equivalent emissions that it requires) on the bases both of countries' historical responsibility and their economic capacity. The resulting Climate Equity Reference Project seeks to serve the purpose of showing what equity would call for, whether responsibility is confined to the period since 1990 (as seems most reasonable), or is traced back to 1950 or 1850.

Integrated solutions are certainly needed for global problems such as these. But the slender prospect of the world's countries agreeing to any such far-reaching solution, and trusting an international authority with powers of such a scale, make it preferable for these issues not to be addressed in a unified manner, but for climate issues in particular to be tackled at a global level separately from issues of development and related rights. So an adjusted version of Contraction and Convergence, while less radical in its aims and scope, seems preferable.

Yet others have suggested global auctions of entitlements to emit carbon dioxide and other greenhouse gases, trusting market forces to generate the most efficient solution to the problem of distributing such entitlements. But auctions favour countries and companies with the financial muscle to outbid the others, and are unlikely to generate outcomes that could be regarded as just.

In fact, the organizers of the United Nations Paris Climate Conference of December 2015 took the view that no centrally administered system of distribution of entitlements and burdens was likely to prove acceptable, and that it was therefore better for all participant nations to make pre-conference commitments of their own; thereby countries which might not otherwise participate could be induced to do so.

But the aggregated commitments, even if fully implemented, turn out to be insufficient to satisfy the goal (also agreed at that conference) of 2 degrees, let alone that of 1.5 degrees (agreed as preferable), with an expected average temperature rise of towards 3 degrees being more likely. Yet provision was also made for these commitments to be reconsidered in the course of regular reviews, and this provision gives hope that they may be revised enough (and soon enough) for the agreed target limits to temperature increase to be attained.

It is too early to say whether the Paris Agreement can sufficiently alleviate climate change. A key element consists in its provision for regular reviews, in which national commitments can be stepped up. It this takes place, it is still not too late to mitigate average temperature increases and limit them to the agreed level of 1.5 degrees.

Meanwhile, the decision of President Trump (2017) to withdraw the USA from the agreement could prove disastrous, although many American states and corporations are maintaining their own commitment, and it seems possible that the USA might return to participation before its withdrawal takes effect. American readers are encouraged to use their voices (and if necessary their votes) to secure a US return to an agreement that, for all its deficiencies, is an indispensable step towards resolving the greatest global environmental problem of our time. American commitment to yet deeper emissions cuts will be vital across the coming decades.

Collectively the various national commitments mean that the agreement is not too far removed from one that is equitable; while the participation of growing economies such as those of China and India means that it has the potential to change the world definitively. A major criticism is that no mention whatever was made in the agreement of compensation, despite the harms inflicted on less developed countries by the emissions of richer countries whose prosperity has been achieved through historical emissions, many of them emitted since it became recognized that greenhouse gases were disrupting the global climate.

But as long as adequate international provision is made for assisting the adaptation of the poorer countries, this provision may play to some degree the role that compensation would have played, albeit unacknowledged. At the same time, more vigorous forms of mitigation could still prevent the submersion beneath the ocean of small islands and their settlements, for which no envisageable form of compensation could provide redress.

Reducing greenhouse gas (and other) emissions

To prevent climate catastrophe, greenhouse gas emissions need to be eliminated. This is not a hopeless project. For example, emissions of carbon dioxide (as opposed to other greenhouse gases) appear to have stabilized in 2016, though this claim is contested. Meanwhile the Kigali conference of the same year agreed to curtail emissions of HFCs, a greenhouse gas so potent that its emissions have vastly more impact per unit than carbon dioxide. This agreement is expected to arrest the rise of average temperatures by as much as 0.5 degrees in the course of the current century. However, if the permafrost of Siberia continues to melt, there is a danger of gargantuan and potent emissions of methane (currently buried there) raising greenhouse gas levels yet further.

Thus much more needs to be done. In particular, electricity generation based on coal, oil, and gas needs to be replaced with electricity from renewables. In theory, the introduction of Carbon Capture and Storage (CCS) could forestall the need for this replacement. But CCS technology is far from guaranteed to work, and leaks from underground storage of carbon dioxide would completely undermine the expected benefits. Gas-fired generation is less detrimental than generation from coal. But because it too produces carbon emissions, it is no solution.

Many advocate replacing generation from fossil fuels with nuclear energy. But the problems involved in safe storage of spent nuclear fuel and in safely decommissioning nuclear power stations remain unresolved; besides, the risk of accidents such as those at Chernobyl and Fukushima cannot be forgotten. It is vital that carbon emissions not be replaced by radioactive emissions. Fortunately, the costs of electricity generation from renewables (solar, wind, hydro, tidal, and wave power) have now fallen below the cost of nuclear energy, and of course these forms of generation are virtually emission-free. Nuclear fusion, also largely emission-free, may eventually supplement renewables, but the necessary technology does not yet exist.

So it is to renewables that we must turn. Their introduction certainly needs to be linked to provision for energy storage for periods when the sun is not shining and the wind is not blowing. But this technology is well-advanced. Precisely which renewable technology a country adopts depends on its geographical situation and technological resources.

In Britain, wind, hydro-electric, and tidal energy are the most appropriate kinds, but solar energy has the greatest potential in warmer places (while already contributing even in Britain, through solar panels on roofs such as my own). In some places, such as Nepal, local hydro-electric generation (unconnected to the national grid) widely offers the greatest prospect of supplying the needs of rural people. In short, renewable energy generation (of one kind or another) needs to be introduced rapidly worldwide.

Meanwhile households in colder countries need to improve their insulation, so as to reduce their energy use. The installation of solar panels, by generating electricity from the sun, also helps reduce the need for electricity generation plants, and is potentially valuable worldwide.

Attention also needs to be focused on vehicles, and curtailing their emissions. At one stage, diesel-powered vehicles were being encouraged by the British government because of their lower carbon output; but their emissions of nitrogen dioxide, nitrous oxide, and air-borne particulates have proved so detrimental to health that diesel engines need to be phased out without delay (rather than by 2040, the target selected by the British government). Automobiles fuelled by petrol must also be phased out and replaced by electric cars, to which automobile manufacturers are already beginning to turn. As long as the electricity with which they are charged is itself generated from renewable sources, this will reduce urban pollution and significantly reduce the carbon footprint of vehicle users.

At the same time, re-afforestation and the planting of trees has an important part to play. The photosynthesis of trees removes carbon dioxide from the atmosphere. Countries that have not yet cut down their forests should be encouraged to preserve them, not least through the kinds of funding agreed at the Nagoya Conference held in Japan in 2010. Logging practices, prevalent in places as far apart as Brazil and Siberia, need either to be curtailed or to be counter-balanced through replanting. Also the reforestation of deforested areas such as Haiti and much of northern Ethiopia (where forests were destroyed through warfare) should be taken forward with energy and resolve, as is currently being done in Cuba.

Many of these changes can only be effected by governments, and on them the central responsibility falls. But much power is in the hands of corporations (such as energy suppliers, car manufacturers, and airlines), which cannot escape their share of responsibility. Individuals and households, however, also have an indispensable role, in setting an example, signing petitions, speaking out, and putting pressure on corporations and governments to play their full part and commit themselves to policies of radical action. Indeed this is a role open to most readers of this book.

Climate engineering

There is increasing discussion of schemes either to reduce carbon dioxide from the atmosphere (carbon dioxide removal or CDR) or to reflect back incoming solar energy (solar radiation management or SRM). Some forms of CDR are innocuous, such as growing more trees (as commended here and in Chapter 5), and painting roofs white to prevent the absorption of solar radiation. There again, soil could be enhanced and carbon kept out of circulation by burying in it biochar (charcoal made from biomass). Or plants could be genetically engineered to increase their carbon capture. Or carbon could be removed from the air by chemical means (direct air capture). Other forms are more questionable, such as saturating the oceans with iron filings so as to encourage the growth of algae (to absorb oceanic carbon dioxide). But this would threaten ocean ecosystems. It would also risk turning the oceans bright green.

The trouble with the more innocuous forms of CDR is that they have a long lead-time, and are unlikely to be effective enough soon enough. This is what drives some technologists either to more radical forms of CDR, or to placing sunlight-reflecting aerosols in the stratosphere, a form of SRM.

Installing such aerosols was first proposed as a measure to supplement mitigation, but is occasionally suggested as itself a solution to the problem of increasing carbon emissions. It would be comparatively cheap, and could be initiated by a single state without waiting for global agreement. However, sulphur aerosols could acidify the atmosphere, and exacerbate the acidification of the oceans (which is already a problem). Also, once the process of installation had begun, suspending it would lead to rapid increases of carbon concentrations in the atmosphere, and so it might have to be continued indefinitely. There again, the colour of the sky might change for ever.

Another suggested form of SRM is 'marine cloud brightening', in which oceanic clouds would reflect back more sunlight than at present, after treatment with materials such as sea salt. But this process could generate further climate change, not least through increasing rainfall. We should probably hesitate before risking changes to (for example) the cycle of monsoons.

Accordingly, climate engineering, except in the innocuous forms of tree-planting and roof-painting, should be avoided if at all possible. The risk that one or another power will initiate it forms yet another reason why the existing global agreement on mitigation should be made as effective as possible as soon as possible, to forestall the temptation to put into effect any such technological fix.

Grounds for climate action

While action on climate change can readily be grounded in the self-interest of the current generation, daily assaulted by air-borne pollution as it is, there are multiple further grounds. As I write, many people are being driven into exile from sea-level rise, while increasing numbers have become victims of hurricanes, wildfires, and droughts of increasing frequency and intensity. Nor can we expect respite from these alarming tendencies. If too little is done, the next generation will have to undergo yet worse disruption, and their successors worse still. So even readers with an anthropocentric stance (Social Ecologists included) have every reason to participate in campaigns for climate action.

Biocentrists, however, have additional grounds, just as they have grounds for further kinds of species conservation. Climate change is disrupting ecosystems and driving species to extinction at an alarming rate. Some of these are species capable of outliving humanity on our planet, if not driven to extinction in coming decades; so climate change is actually affecting the human legacy to planetary life of the post-human future.

Meanwhile climate change strikes at species useful to humanity and at ones lacking such instrumental value, but whose continued flourishing has a value of its own. Planetary stewards are obliged to care for the continued life of such species, if only through policies designed to allow them to live their own lives unsullied by anthropogenic impacts. It is possible that continuing climate change would allow new species to evolve; but the widespread decimation of existing species, and the risks of this process worsening, strongly adds to the biocentric grounds for climate action, as it also does for habitat preservation.

Yet it might be objected that both the Contraction-and-Convergence approach and its rivals are unduly human-centred. For non-human creatures obviously need to use the atmosphere as well as humans. The emissions of domestic animals (including farm animals) clearly have to be included among the emission entitlements of their human owners, and should not be forgotten. But wild animals must not be disregarded either.

Schemes for mitigation clearly need to allow for the emissions of wild animals when permissible totals for human emissions are being calculated. In this way, such schemes can avoid the charge of anthropocentrism. Fortunately the photosynthesis of green plants and trees outweighs the emissions of their respiration; the more trees are planted, the greater the prospects are for alleviating climate change. While biocentrists can welcome this contribution, everyone needs to take it into account.

Since the Paris agreement relies on national commitments, these will each need to allow for the contributions of the wildlife of the relevant country, and of predictable changes from trends in farming and forestry. The national contributions of richer countries should also include subsidies paid to preserve the forests and wetlands of developing countries. For on such contributions both the future of biodiversity and the role of remaining forests in preventing increases in atmospheric carbon depend.

Climate change as a test-case for environmental ethics

Although the founders of environmental ethics did not envisage the kind of anthropogenic climate change discovered around 1990, climate change epitomizes themes they introduced. Thus

Richard Routley's proposal of a non-anthropocentric ethic and his writings about the dangers to future generations of nuclear energy generation are echoed in the concerns of current environmental ethics to mitigate climate change for the sake of non-human kinds and future generations.

There again, the advocacy of Arne Naess to heed the needs of developing countries, future people, and non-human species has become mainstream within contemporary environmental concern. Similarly, Holmes Rolston's grounding of ecological 'oughts' in the value of healthy ecosystems is ever more widely endorsed wherever concern to preserve forests, wetlands, estuaries, and reefs from pollution and climate change is articulated.

Likewise climate change illustrates the way in which neither nature nor the environment can be considered as given, let alone static. While their changing systems are affected by human action, human life itself remains dependent on their relatively intact functioning. And even if it were ever possible to disregard future generations, climate change makes such disregard not merely imprudent but positively perverse. Action to rescue the environment from degradation and pollution (such as global warming) is required by ethical principles, moral virtues, and the promotion of the best available outcomes alike.

Both sustainable development and ecological preservation depend on strong action, both individual and governmental, local and global, in matters of climate change. Despite their disagreements, Deep Ecology, ecofeminism, Social Ecology, the environmental justice movement, and Green parties can (and must) unite in support of such action. Jewish, Christian, and Islamic supporters of stewardship, whether anthropocentric or not, need to lend such action their support, as do adherents of secular understandings of stewardship, and the adherents of other religions seeking to preserve the Earth and its sacred places. For the future of the planet and all its species is at stake.

References

Chapter 1: Origins

Rachel Carson, *Silent Spring* (London: Hamish Hamilton, 1962).

Clarence J. Glacken, *Traces on the Rhodian Shore* (Berkeley, CA: University of California Press, 1967).

Kenneth E. Goodpaster, 'On Being Morally Considerable', *Journal of Philosophy* 75 (1978): 308–25.

Aldo Leopold, *A Sand County Almanac* (New York: Oxford University Press, 1949).

Arne Naess, 'The Shallow and the Deep, Long-Range Ecology Movement. A Summary', *Inquiry* 16 (1973): 95–100.

Bryan G. Norton, *Sustainability: A Philosophy of Adaptive Ecosystem Management* (Chicago: University of Chicago Press, 2005).

John Passmore, *Man's Responsibility for Nature* (London: Duckworth, 1974 and 1980).

Holmes Rolston III, 'Is There an Ecological Ethic?', *Ethics* 85 (1975): 93–109.

Richard Routley (later Sylvan), 'Is There a Need for a New, an Environmental Ethic?', *Proceedings of the World Congress of Philosophy* (Varna: World Congress of Philosophy, 1973), 205–10.

Chapter 2: Some key concepts

Carmen Velayos Castelo, 'Reflections on Stoic Logocentrism,' *Environmental Ethics* 18 (1996): 291–96.

Nigel Dower, 'The Idea of the Environment', in Robin Attfield and Andrew Belsey (eds), *Philosophy and the Natural Environment* (Cambridge: Cambridge University Press, 1964), 143–56.

Kenneth E. Goodpaster, 'On Being Morally Considerable', *Journal of Philosophy* 75 (1978): 308–25.

Alan Holland, 'Fortitude and Tragedy: the Prospects for a Stoic Environmentalism', in Laura Westra and Thomas M. Robinson (eds), *The Greeks and the Environment* (Lanham, MD: Rowman & Littlefield, 1997), 151–66.

Emma Marris, *Rambunctuous Garden: Saving Nature in a Post-wild World* (New York and London: Bloomsbury, 2011), 4–6.

John Stuart Mill, 'Nature', *Three Essays on Religion* (New York: Greenwood Press, 1969), 3–65.

Montreal Protocol on Substances that Deplete the Ozone Layer (1987): http://www.ciesin.org/TG/PI/POLICY/montpro.html (accessed 20 February 2018).

Peter Singer, *Practical Ethics*, 2nd edn (Cambridge: Cambridge University Press, 1993).

James P. Sterba, 'A Biocentrist Strikes Back', *Environmental Ethics* 20 (1998): 361–76.

Paul Taylor, *Respect for Nature: A Theory of Environmental Ethics* (Princeton: Princeton University Press, 1986).

Chapter 3: Future generations

Declaration on the Responsibilities of the Present Generations Towards Future Generations (1997): http://portal.unesco.org/en/ev.php-URL_ID=13178&URL_DO=DO_TOPIC&URL_SECTION=201.html (accessed 20 February 2018).

Kristian Skagan Ekeli, 'Giving a Voice to Posterity—Deliberative Democracy and Representation of Future People', in Robin Attfield (ed.), *The Ethics of the Environment* (Farnham: Ashgate, 2008 [2005]), 499–520.

Hilary Graham, J. Martin Bland, Richard Cookson, Mona Kanaan, and Piran C. L. White, 'Does the Public Favour Policies that Protect Future Generations: Evidence from a British Survey of Adults', *Journal of Social Policy* 46/3 (July 2017): 423–45.

Kigali Agreement: https://www.clearias.com/kigali-agreement/ (accessed 20 February 2018).

Onora O'Neill, *Towards Justice and Virtue* (Cambridge: Cambridge University Press, 1996).

Derek Parfit, *Reasons and Persons* (Oxford: Clarendon Press, 1984).

Christopher Stone, *Should Trees Have Standing?* (Los Altos, CA: William Kaufman, 1974).
Thomas H. Thompson, 'Are We Obligated to Future Others?', in Ernest Partridge (ed.), *Responsibilities to Future Generations: Environmental Ethics* (Buffalo, NY: Prometheus, 1981), 195–202.
Edward O. Wilson, 'Biophilia and the Conservation Ethic', in Stephen R. Kellert and Edward O. Wilson (eds), *The Biophilia Hypothesis* (Washington, DC: Island Press, 1993), 31–41.
World Future Council, *National Policies & International Instruments to Protect the Rights of Future Generations: A Legal Research Paper* (Hamburg: World Future Council, 2009).

Chapter 4: Principles for right action

Aristotle, *Nicomachean Ethics*, trans. and ed. Roger Crisp (Cambridge: Cambridge University Press, 2000).
Robin Attfield, *Ethics: An Overview* (London: Continuum/ Bloomsbury, 2012).
Seyla Benhabib, *Situating the Self: Gender, Community and Post-Modernism in Contemporary Ethics* (Routledge: New York, 1992).
Rosalind Hursthouse, *On Virtue Ethics* (Oxford: Oxford University Press, 1999).
Dale Jamieson, 'When Utilitarians Should Be Virtue Theorists', *Utilitas* 19/2 (2007): 160–83.
Immanuel Kant, *The Moral Law: Kant's Groundwork of the Metaphysics of Morals*, trans. H.J. Paton (1948) (London, Routledge, 2005 [1785]).
John Rawls, *A Theory of Justice* (Cambridge, MA: Harvard University Press, 1971).
John Rawls, *Political Liberalism* (New York: Columbia University Press, 1993).
Holmes Rolston III, 'Environmental Virtue Ethics: Half the Truth, but Dangerous as a Whole', in Ronald Sandler and Philip Cafaro (eds.), *Environmental Virtue Ethics* (Lanham, MD: Rowman & Littlefield, 2005), 61–78.
Paul W. Taylor, *Respect for Nature: A Theory of Environmental Ethics* (Princeton: Princeton University Press, 1986).

Chapter 5: Sustainability and preservation

Wilfred Beckerman, 'Sustainable Development: Is It a Useful Concept?', *Environmental Values*, 3/3 (1994): 191–204.

The Convention on Biological Diversity (1992): https://www.cbd.int/doc/legal/cbd-en.pdf (accessed 23 February 2018).

Herman E. Daly (ed.), *Toward a Steady-State Economy* (San Francisco: W.H. Freeman, 1973).

Herman E. Daly, 'On Wilfred Beckerman's Critique of Sustainable Development', *Environmental Values*, 4/1 (1995): 49–55.

Anne E. Ehrlich and Paul Ehrlich, 'Extinction: Life in Peril', in Lori Gruen and Dale Jamieson (eds), *Reflecting on Nature: Readings in Environmental Philosophy* (New York: Oxford University Press, 1994), 335–42.

The Nagoya Protocol on Access and Benefit-Sharing (2010): https://www.cbd.int/abs/ (accessed 23 February 2018).

Rio Declaration on Environment and Development (1992): http://www.un.org/documents/ga/conf151/aconf15126-1annex1.htm (accessed 23 February 2018).

United Nations, 'Millennium Development Goals' (New York: United Nations, 2000): http://www.un.org/millenniumgoals/bkgd.shtml (accessed 7 April 2017).

United Nations, 'Sustainable Development Goals: 17 Goals to Transform Our World' (New York: United Nations, 2015): http://www.un.org/sustainabledevelopment/sustainable-development-goals/ (accessed 11 April 2017).

World Commission on Environment and Development, *Our Common Future* ('The Brundtland Report') (Oxford: Oxford University Press, 1987).

Chapter 6: Social and political movements

Marion Hourdequin, *Environmental Ethics: From Theory to Practice* (London: Bloomsbury, 2015).

Workineh Kelbessa, 'Environmental Injustice in Africa', *Contemporary Pragmatism* 9/1 (2012): 99–132.

Carolyn Merchant, *The Death of Nature, Women, Ecology and the Scientific Revolution* (San Francisco: HarperSanFrancisco, 1980).

Mary Midgley, *Beast and Man: The Roots of Human Nature* (Hassocks: Harvester Press, 1979).

Arne Naess, 'The Shallow and the Deep, Long-Range Ecology Movement. A Summary', *Inquiry* 16 (1973): 95–100.
Konrad Ott, 'Variants of De-growth and Deliberative Democracy: A Habermasian Proposal', *Futures* 44 (2012): 571–81.
Val Plumwood, 'Nature, Self and Gender: Feminism, Environmental Philosophy and the Critique of Rationalism', *Hypatia* 6 (1991): 3–27.
The Principles of Environmental Justice (adopted by First National People of Color Environmental Leadership Summit, Washington, DC, 1991): https://www.nrdc.org/resources/principles-environmental-justice-ej (accessed 26 February 2018).
James Sterba, *Justice for Here and Now* (New York: Cambridge University Press, 1998).
Karen Warren, 'The Power and Promise of Ecological Feminism', *Environmental Ethics* 12 (1990): 121–46.

Chapter 7: Environmental ethics and religion

Susan Power Bratton, 'The Original Desert Solitaire: Early Christian Monasticism and Wilderness', *Environmental Ethics* 10 (1988): 31–53.
Haudenosaunee (Iroquois): http://www.peacecouncil.net/NOON/articles/culture1.html (accessed 19 February 2018).
S. Nomanul Haq, 'Islam', in Dale Jamieson (ed.), *A Companion to Environmental Philosophy* (Malden, MA: Blackwell, 2001), 111–29.
Jonathan Helfand, 'The Earth is the Lord's: Judaism and Environmental Ethics', in Eugene C. Hargrove (ed.), *Religion and Environmental Ethics* (Athens, GA: University of Georgia Press, 1986), 38–52.
Simon P. James, *Environmental Philosophy: An Introduction* (Cambridge: Polity, 2015).
Fazlun Khalid, 'The Disconnected People', in Fazlun Khalid and Joanne O'Brien (eds), *Islam and Ecology* (London: Cassell, 1992), 99–111.
James Lovelock, 'The Fallible Concept of Stewardship of the Earth', in R.J. Berry (ed.), *Environmental Stewardship* (London: T. and T. Clark, 2006), 106–11.
Clare Palmer, 'Stewardship: A Case Study in Environmental Ethics', in R.J. Berry (ed.), *Environmental Stewardship* (London: T. and T. Clark, 2006), 63–75.

Jennifer Welchman, 'A Defence of Environmental Stewardship', *Environmental Values* 21/3 (2012): 297–316.
Lynn White, Jr, 'The Historical Roots of Our Ecologic Crisis', *Science* 155/37 (1967): 1203–7.
Richard Worrell and Michael C. Appleby, 'Stewardship of Natural Resources: Definition, Ethical and Practical Aspects', *Journal of Agricultural and Environmental Ethics* 12 (2000): 263–77.

Chapter 8: The ethics of climate change

Carbon Engineering, 'About Direct Air Capture': http://carbonengineering.com/about-dac/ (accessed 1 March 2018).
Committee on Geoengineering Climate, Board of Atmospheric Sciences and Climate, Ocean Studies Board, Division on Earth and Life Studies, and National Research Council, *Climate Intervention: Reducing Sunlight to Cool Earth* (Washington, DC: National Academies Press, 2015).
Kirstin Dow and Thomas E. Downing, *The Atlas of Climate Change*, 3rd edn (Brighton: Earthscan, 2011).
Christian Holz, Sivan Kartha, and Tom Athanasiou, *Climate Equity Reference Project*: https://climateequityreference.org/ (accessed 27 September 2017).
Intergovernmental Panel on Climate Change, 'Climate Change 2013: The Physical Science Basis', Fifth Assessment Report: http://www.climatechange2013.org/images/report/WG1AR5_ALL_FINAL.pdf (accessed 1 March 2018).
International Biochar Initiative: https://www.biochar-international.org/ (accessed 4 July 2018).
Malte Meinhausen et al., 'Greenhouse Gas Emission Targets for Limiting Global Warming to 2° C', *Nature* 458 (30 April 2009): 1158–63.
Aubrey Meyer, *Contraction & Convergence: The Global Solution to Climate Change: Schumacher Briefing No. 5* (Totnes: Green Books, 2005).
Peter Singer, *One World: The Ethics of Globalization*, 2nd edn (New Haven, CT: Yale University Press, 2002).
United Nations Paris Agreement: http://unfccc.int/paris_agreement/items/9485.php (accessed 1 March 2018).

Further reading

Chapter 1: Origins

Robin Attfield, *The Ethics of Environmental Concern*, 2nd edn (Athens, GA: University of Georgia Press, 1991 [1983]).

Hans Jonas, *The Imperative of Responsibility*, trans. Hans Jonas and David Herr (Chicago: University of Chicago Press, 1984).

George Perkins Marsh, *Man and Nature*, ed. David Lowenthal (Seattle: University of Washington Press, 2003 [1864]).

Chapter 2: Some key concepts

Robin Attfield, 'Climate Change, Environmental Ethics, and Biocentrism', in Ved Nanda (ed.), *Climate Change and Environmental Ethics* (New Brunswick, NJ: Transaction, 2011), 31–41.

Robin Attfield, *Environmental Ethics: An Overview for the Twenty-First Century*, 2nd edn (Cambridge: Polity, 2014).

John M. Rist, *Stoic Philosophy* (London: Cambridge University Press, 2010 [1969]).

Holmes Rolston III, 'Can and Ought We to Follow Nature?', *Environmental Ethics* 1 (1979): 7–30.

Holmes Rolston, III, *Genes Genesis and God: Values and Their Origins in Natural and Human History* (Cambridge: Cambridge University Press, 1999).

Lars Samuelsson, 'Reasons and Values in Environmental Ethics', *Environmental Values* 19 (2010) 517–35.

G.J. Warnock, *The Object of Morality* (New York: Methuen, 1971).

Chapter 3: Future generations

Joseph Addison, *The Spectator* 20 August 1714: 583.
Robin Attfield, 'Future Generations', in Hen ten Have (ed.), *Encyclopedia of Global Bioethics*, 3 vols (Cham, Switzerland: Springer, 2016).
Martin Hughes-Games, 'Why Planet Earth II Should Have Been Taxed', *The Guardian* 2 January 2017: 27.
Workineh Kelbessa, 'Can African Environmental Ethics Contribute to Environmental Policy in Africa?', *Environmental Ethics* 36 (2014): 31–61.
Hans Rosling, Don't Panic—The Truth About Population, https://www.ted.com/playlists/38/hans_rosling_5_talks_on_global_issues (accessed 11 January 2017).
Hans Rosling and Ola Rosling, *Factfulness: Ten Reasons We're Wrong About the World—and Why Things are Better Than You Think* (London: Hodder & Stoughton, 2018).

Chapter 4: Principles for right action

J. Baird Callicott, 'Animal Liberation: A Triangular Affair', *In Defense of the Land Ethic: Essays in Environmental Philosophy* (Albany, NY: State University of New York, 1989), 15–38.
Brad Hooker, 'The Collapse of Virtue Ethics', *Utilitas* 13.1 (2002): 22–40.
Rosalind Hursthouse, 'Virtue Ethics vs. Rule-Consequentialism: A Reply to Brad Hooker', *Utilitas* 13.1 (2002): 41–53.
W.D. Ross, *The Right and the Good* (Oxford: Clarendon Press, 1930).
Peter Singer, *Animal Liberation: A New Ethic for Our Treatment of Animals* (London: Jonathan Cape, 1976).
World Commission on Environment and Development, *Our Common Future* ('The Brundtland Report') (Oxford: Oxford University Press, 1987).

Chapter 5: Sustainability and preservation

Robin Attfield, 'Sustainability', in Hugh LaFollette (ed.), *International Encyclopedia of Ethics* (Malden, MA: Wiley-Blackwell, 2012). http://www.hughlafollette.com/IEE.htm (accessed 5 July 2018).
Robin Attfield, *The Ethics of the Global Environment*, 2nd edn (Edinburgh: Edinburgh University Press, 2015).

Susan Baker, *Sustainable Development*, 2nd edn (London: Routledge, 2016).
Kenneth E. Boulding, 'The Economics of the Coming Spaceship Earth', in Herman Daly (ed.), *Toward a Steady-State Economy* (San Francisco, W.H. Freeman, 1973), 121–32.
Nicholas Georgescu-Roegen, 'The Entropy Law and the Economic Problem', in Herman Daly (ed.), *Toward a Steady-State Economy* (San Francisco, W.H. Freeman, 1973), 37–49.
Global Goals Campaign: http://www.globalgoals.org (accessed 11 April 2017).
James E. Lovelock, *The Revenge of Gaia: Why the Earth is Fighting Back—and How We Can Still Save Humanity* (London: Penguin, 2006).
Jonathan Watts, 'Destruction of Nature as Dangerous as Climate Change, Scientists Warn', *The Guardian* 23 March 2018. https://www.theguardian.com/environment/2018/mar/23/destruction-of-nature-as-dangerous-as-climate-change-scientists-warn (accessed 24 March 2018).

Chapter 6: Social and political movements

Simone de Beauvoir, *Le Deuxième Sexe* (Paris: Gallimard, 1949; trans. C. Borde and S. Malovany-Chevallier as *The Second Sex* (New York: Alfred A. Knopf, 2010)).
Murray Bookchin, *The Ecology of Freedom* (Montreal: Black Rose Books, 1991).
Warwick Fox, *Towards a Transpersonal Ecology: Developing New Foundations for Environmentalism* (Albany, NY: SUNY Press, 1995).
James E. Lovelock, *Gaia: A New Look at Life on Earth* (Oxford: Oxford University Press, 1979).
Mary Midgley, *Animals and Why They Matter* (Athens, GA: University of Georgia Press, 1983).
Jonathan Porritt, *Seeing Green: The Politics of Ecology Explained* (New York: Basil Blackwell, 1985).
Tom Regan, *The Case for Animal Rights* (London: Routledge & Kegan Paul, 1984).
Kristin Shrader-Frechette, *Environmental Justice: Creating Equality, Reclaiming Democracy* (New York: Oxford University Press, 2002).

Chapter 7: Environmental ethics and religion

R.J. Berry (ed.), *Environmental Stewardship: Critical Perspectives—Past and Present* (London: T & T Clark, 2006).

Black Elk, *The Sacred Pipe*, ed. Joseph Epes Brown (New York: Penguin Books, 1973).

Pope Francis, *Laudato Si'*, 2015. https://laudatosi.com/ (accessed 4 August 2017).

Mogobe B. Ramose, *African Philosophy through Ubuntu*, revised edn (Harare: Mond Books, 2002).

Clarence J. Glacken, *Traces on the Rhodian Shore: Nature and Culture in Western Thought From Ancient Times to the End of the Eighteenth Century* (Berkeley, CA: University of California Press, 1967).

Lynn White Jr, *Medieval Technology and Social Change* (Oxford: Clarendon Press, 1962).

Chapter 8: The ethics of climate change

Donald Brown et al., *White Paper on the Ethical Dimensions of Climate Change* (Philadelphia: Rock Ethics Institute, 2006).

Stephen M. Gardiner, Simon Caney, Dale Jamieson, and Henry Shue (eds), *Climate Ethics: Essential Readings* (Oxford and New York: Oxford University Press, 2010).

Dale Jamieson, 'Climate Change and Global Environmental Justice', in C. A. Miller and P. N. Edwards (eds), *Changing the Atmosphere: Expert Knowledge and Environmental Governance* (Cambridge, MA: MIT Press, 2001).

Genetically engineered carbon capture: https://www.quora.com/Could-we-genetically-modify-plants-to-absorb-a-lot-more-CO2-from-the-atmosphere (accessed 2 March 2018).

Nagoya Protocol on Access and Benefit-sharing: https://www.cbd.int/abs/ (accessed 2 March 2018).

Gernot Wagner and Martin L. Weitzman, *Climate Shock: The Economic Consequences of a Hotter Planet* (Princeton: Princeton University Press, 2015).

“牛津通识读本”已出书目

古典哲学的趣味
人生的意义
文学理论入门
大众经济学
历史之源
设计，无处不在
生活中的心理学
政治的历史与边界
哲学的思与惑
资本主义
美国总统制
海德格尔
我们时代的伦理学
卡夫卡是谁
考古学的过去与未来
天文学简史
社会学的意识
康德
尼采
亚里士多德的世界
西方艺术新论
全球化面面观
简明逻辑学
法哲学：价值与事实
政治哲学与幸福根基
选择理论
后殖民主义与世界格局

福柯
缤纷的语言学
达达和超现实主义
佛学概论
维特根斯坦与哲学
科学哲学
印度哲学祛魅
克尔凯郭尔
科学革命
广告
数学
叔本华
笛卡尔
基督教神学
犹太人与犹太教
现代日本
罗兰·巴特
马基雅维里
全球经济史
进化
性存在
量子理论
牛顿新传
国际移民
哈贝马斯
医学伦理
黑格尔

地球
记忆
法律
中国文学
托克维尔
休谟
分子
法国大革命
民族主义
科幻作品
罗素
美国政党与选举
美国最高法院
纪录片
大萧条与罗斯福新政
领导力
无神论
罗马共和国
美国国会
民主
英格兰文学
现代主义
网络
自闭症
德里达
浪漫主义
批判理论

德国文学
戏剧
腐败
医事法
癌症
植物
法语文学
微观经济学
湖泊
拜占庭
司法心理学

儿童心理学
时装
现代拉丁美洲文学
卢梭
隐私
电影音乐
抑郁症
传染病
希腊化时代
知识
环境伦理学

电影
俄罗斯文学
古典文学
大数据
洛克
幸福
免疫系统
银行学
景观设计学
神圣罗马帝国